麦肯锡精英
这样实践基本功

世界のエリートはなぜ、この基本を大事にするのか？
———— 実践編 ————

[日]

户塚隆将

李琪／译

中国友谊出版公司

世界精英都在实践的
"基本功"究竟是什么

我们经常会听到有人说："无论什么事，最重要的是基本功。"

这里所讲的基本功，有很多变体。

当你站在起跑线时，需要在此前充分掌握基本功，再跨出第一步。

当你已有所成就并希望更进一步时，就需要回归基本功，考虑如何迈出下一步。这是基本功随着时间发生的变化。

若想不落后于旁人，你需要把基本功作为防守策略，踏踏实实做好每一步。

若想成为出类拔萃的精英，基本功又可作为进攻的手段，因为平日里是否切实执行它，将直接影响日后的成败。这即是基本功在攻与守的战术上的变化。

只理解"基本功"的意思还远远不够

"基本功"究竟是什么？

在拙作《麦肯锡精英的48个工作习惯》中，我回顾自己在高盛（全球最强的投资银行）、麦肯锡（全球最佳企业管理咨询公司）、哈佛商学院（全球顶尖的商学院）三个地方的种种经历，发现所有与我共事、相处的人，都具有一些共通特质。我将这些共通的思维方式、价值观、工作方式等理解为"基本功"。

很荣幸的是，这本书也通过汉语、韩语的翻译，分享到中国、韩国等国家，让憧憬成为跨国精英的职场人士也有机会翻阅。之后我收到很多反馈，读者们从中再次认识了基本功，并小有收获。

与此同时，很多读者希望能持续实践基本功，从而提出了如何去实践的问题。他们甚至提出了更深层次的问题——究竟什么才是基本功？

事实上，基本功的实践方法与何为基本功这两个问题，相互之间有着深深的联系。当我们越是尝试描述基本功的完整轮廓时，相应的实践方法也会趋于明朗。

于我而言，基本功的定义可以用以下3点来解释：

（1）能够影响成果的、具有实质性且重要的事物；

（2）众所周知的事物；

（3）坚持起来并不容易的事物。

精英们的内心驱动力

通过这本书，我希望对如何实践基本功进行深入探讨，也可以说是对工作基本功的实践方法进行总结。我再次仔细回顾了在这三个地方共事、相处的人们的工作情景，希望尽可能总结出他们之间共通的实践基本功的方法。

在梳理过程中，我留意到一个之前未曾发现的共通点，而我们只需动用简单的技巧、多加留意就能轻松复制。**这就是内心驱动力，它可以帮助我们持之以恒地实践基本功。**

内心驱动力这个观点，是老师会有意识或无意识地教给学生的观点。这不仅限于商务人士，也是我们每个人成长过程中不可或缺的根本驱动力。

也就是说，**每个人都有一种从内而外产生的驱动力，让自己最大限度地实践基本功。**

我把高盛、麦肯锡、哈佛商学院共通的实践基本功的驱动力概括为 3 点。

（1）一旦做了就能成功的自信；

（2）率先奉献的责任感；

（3）对自己设定的高目标拥有信念。

自信，是能够彻底实践基本功，让自身进步。

责任感，是自己率先实践基本功，为团队做贡献。

这可以理解为领导力与团队协作。

强烈的信念，是相信通过实践基本功，可以达成自己设定的高目标。

事实上，自信、责任感与高目标是相互影响的。

自信加深，责任感就会提高，目标也会更高。

责任感强了，就更接近目标的实现，从而更加深自信。

面对高目标，只要不断积攒小小的成绩，自信也会加深。

也就是说，这 3 点要素会促成一种良性循环。

为了生出自信，需要有小小的成绩。

在这条起跑线上，必须实践基本功。心中生出的责任感有助于自己修炼基本功。

高目标则会让自己在进入下一个阶段时更重视基本功。

因此，基本功与自信、责任感、高目标这 3 个内部因素是相互影响的。

本书将重点介绍能够推动实践基本功的、源自我们内心的三要素——自信、责任感、目标设置。

实践基本功的三要素

阶段 1

通过实践基本功

→ 加深自信

→加强责任感

→提高目标

促成良性循环

阶段 2

自信加深

责任感加强

目标提高后

→回到"基本"的

　原点

再次实践基本功，

加速良性循环

对实践基本功的方法感兴趣的商务人士，想要提高自信、以晋升到需要承担责任的岗位为职业目标、以高要求为职业规划标准的人士，如果本书能对你们有所帮助，我会备感荣幸。

那么，就让我们开始探讨如何实践基本功，促成易于进步的良性循环吧。

目　录

自信源于自己

1. 充分肯定内心中的另一个你

对任何一位选手来说，对任何人来说，最有价值的评价就是"干得漂亮"。在体育界这句话也是最高的认可，没有之一。

For a player—and for any human being—there is nothing better than hearing "well done". Those are the two best words ever invented in sports. You don't need to use superlatives.

这句话出自足球教练亚历克斯·弗格森爵士。英超曼联俱乐部是世界球坛上收获巨大成功的俱乐部之一，而这位传奇教练在其执教的 26 年里，曾带领这家俱乐部荣获无数奖杯和荣誉。

哈佛商学院签约传奇教练

就像乔布斯之于苹果公司一样，提到曼联俱乐部，人们就会想到亚历克斯·弗格森，他完全可以被视为体育界的乔布斯。他上述这番语录，文字虽简单，却意味深长。

2014 年 4 月，哈佛商学院正式邀请弗格森成为高管教育课程的授课老师。

在此之前，哈佛商学院一直关注弗格森在人才培养、组织经营、领导力培训上的理念，并整理出他的过往经验与成果，作为案例分析引用到本院校的教材之中。

素有"领导力培训总部"之称的哈佛商学院之所以关注弗格森，其原因不言而喻。弗格森的理念不仅限于体育界，对商业的组织运营、商业人才培养领域都有着充分的启发。

弗格森常说，人总是在表扬中不断进步。事实上，小孩也是因为被表扬才得以更快地成长。他还说过，对下属或者后辈的培养，不能只是严厉批评其不足，更应该多表扬其长处。想必不少职场经理人会在每天的职场中执行这种"基本"理念。

善于表扬的企业文化

高盛集团与麦肯锡公司在人事制度上有一个共同之处，就是包括上级、同事、下属在内的无层级差别的多维评价体系，被称为"360度评价"。这是一种鼓励员工多肯定对方长处，同时提出建设性改善意见，而非仅仅停留在相互指责批评上的评价制度。

这种制度是否有可以期待的效果？这两家公司都拥有很多善于肯定他人的同事。而且除了表扬他人，不少人也善于肯定自己。

或许是因为360度评价能够使人逐步养成以公正客观的角度评价对方的习惯，从而养成客观评价自己的习惯。一旦学会客观看待自己，不仅可以看清自身有待改善的地方，也能更公正地看待自己的长处，最终变得善于肯定自己。

当开始学会评价自己的长处，并积极地肯定自己时，自信便会自然流露。自信得到提升，成果也会显现。成果的显现又会促进自我肯定，再次催生自信，继而推动新成果的产生。如此反复，自信会让你回归最初的基本功，形成良性循环。

不断受到好评的人进步更快

我在刚进入高盛的新人时期，找到的一点自信得益于上级的表扬，也因为这份肯定而引导出好的循环效应。仰赖上级的认可，我才开始回顾这一段自身经历。

我不会否定自我、悔恨、意志消沉，而是会发现自己身上因努力过而值得肯定的地方。

于是，因为上级一句简单的认可，我开始学着自我肯定，养成了这样的良好循环，从而更积极地成长，并在之后一直积极实践自我肯定这件事。

自我肯定会提升自信。即使我们不属于弗格森这类传奇人物，也需要试着积极寻找内心深处的另一个自己，大声对他说**"干得漂亮"**。这正是培育自信心理的第一步。

看看周围，想想那些充满自信的朋友或领导，大概他们就是自爱的一类人吧。

不论是有意识或无意识，他们都会对内心的另一个自己表示肯定吧。

我一直非常感谢当初那个引导我学会自我肯定的领导。从那时起，我会时刻提醒自己，要不断自我肯定，而不是期待从别人那里获取肯定。

重新审视"自信"两个字，你会发现所谓自信，其实就是相信自己。要先相信自己，才能养成良性循环。我正是如此理解并实践至今的。

2. 360 度评价体现的是相对的优缺点

刚开始尝试自我肯定的时候，我的方法是**想象自己尊重的恩师的面容**。

从小学时代的班主任、高中时代兴趣小组的顾问老师，再到毕业任职的第一家公司的领导与前辈们。我会想象这些恩师的面容，当他们看到现在的我时，会不会也说一句"小子，干得不错"？

又或者会跟我说，"小子，还得多努力"？

如果是前者，他会具体肯定我哪些方面呢？

如果是后者，又会指出哪些需要我改进的地方呢？

其实，当你想象其他人的面容时，反而会更客观地评价自己。当然，这并非要你在意他人的评价，而是让你在评价自己的时候，通过想象最熟悉你的恩师，引导出心中另一个自己。

首先指出对方的优点

我们来探讨一下更系统的自我肯定法吧。

在高盛集团与麦肯锡公司执行的 360 度评价体系里，正如其字面的含义，该体系不仅是上级对下级的单向评价，下级也可以对上级进行评价，是一种公正且有时会更严格的评价体系。

那些只知道对上级点头哈腰、难以获得下属信赖的人，在 360 度评价中将受到严厉的评判。反之，深受下级爱戴的人，从下级到上级对他的评价都会很高。

在 360 度评价中，看的不仅仅是定量的数值，也包含定性的评语，尤其后者才是对个人发展来说相当重要的部分。这些定性的评语通常有一定规律，即永远从肯定个人的优点开始。

具体来说，就是列举其做得好的地方，表达因此对团队带来了哪些贡献，或是对团队内其他成员的成长带来了哪些正面影响，等等。通过回顾之前具体的工作情况，写出类似"当时他 × × 的行为真的很棒"的评语。

在这些定性评语中，每个人都会认真表扬自己的上级、同事、下级。首先指出其优点，使措辞能够促进其继续发挥优势。之后，也要针对需要改善的地方进行反馈。

针对当时的具体情景，提出对方的哪种行为方式需要如何进行改善。无论针对上级还是下级，都需要提出自己的改善意见。

原本在进行评估反馈的时候，无论对方是何种身份，都需要站在易于对方发展的立场提出意见。

然而在实际情况中，当开始评价自己的下级或后辈时，很容易因为自己处于上级、前辈的立场，导致反馈内容不够明确或过于草率。

在需要表扬的时候，仅仅敷衍一句"干得漂亮"。而在反馈需要改善的部分时，又因缺乏从其个人发展角度考虑的意识，有时措辞会变得过于严苛、不近人情。

在对自己上级进行评价时，难免会有种种顾虑。当你想要表扬他时，单单一句"做得很好"也许不会让人领情，反而会让对方情绪化地认为："你有什么资格评价我？为时过早了吧！"

向上级反馈其有待改进的地方时，则更是如履薄冰。此时最好以回顾具体场景的方式，选择恰当的措辞，表达出对对方的敬意。

360 度评价提倡的是肯定每一个人

360 度评价的好处在于，不会留下过于肤浅的评价，对上级的评语通常都会使用郑重的措辞。因此，在对下级或自己进行评价时，也会养成细致且公正客观地评价的习惯。

在 360 度的评价体系内，存在一种有益于自我肯定的哲学。

即需要**同时指出每个人的长处与短处**。这一点利用了意识当中潜藏的长处与短处的相对性关系。

没有人是一无是处的。如果存在需要改善的地方，反过来就有值得肯定的地方。

比如有些人具备对外交往能力，善于表达沟通，但这类人也很容易打断别人的发言。

反过来，有些人善于倾听，但有时又会过于站在对方的角度而无法坚定自己。

因此，当罗列优点的时候，有待改进的地方就显而易见。如果你看到的一直都是缺点，那么从另一个角度再看，你会发现值得表扬的地方也数不胜数。

自我肯定的第一步是客观评价自己。要做到客观评价，就需要拥有看清长处与短处的相对关系的意识。

如果你仅能看到自己的短处，就请尝试思考它背面的积极意义。想一想这些短处背后的优势能否有助于你的工作、为团队创造贡献，甚至有益于你的个人生活。

一开始是着眼于长处还是短处并没有关系，只要意识到长处与短处互为表里，那么即使没能提升自信心，也会发现自己有值得被肯定的地方。

要培养出自信，就要回顾自身过往，公正客观地评价自己，这才是第一步。

3. 积极的反省能将"后悔"变成"自信"

"一味考虑将来的事情会阻碍你了解自身的潜力,唯有回顾过去,才能重新发现自己的才能。"

某个早晨,我在快速阅读《日经新闻》时,被其中职业运动员的一段采访直击内心深处。

那就是日本足球选手长友佑都。他尽管体型矮小,却踢进了意大利甲级联赛名门——国际米兰足球俱乐部,并作为正式球员活跃于海外球坛,让日本人备感骄傲。尤其在到了意大利之后,他一直不断努力突破自我,给我留下了深刻印象。

当被问到如何找到自信时,长友佑都的回答就是文章之初的那句"自信的源泉不在未来,而在身后"。

将后悔转变为自信

在留学哈佛商学院的两年间,我有幸获得了各种丰富的体验。但在此之前,在多年准备留学的过程中获得的学习机会，也毫不逊色于两年的留学经历。

那时候最大的成果，就是学会了通过反省来重新审视自我。

原本是为了提交哈佛商学院的申请资料及应对面试而进行准备工作，却没想到当初投入的精力与时间拥有相当重要的价值。

在进行自我分析时，我曾努力了解自己的优势与劣势。只有分析自己在工作上的强项，才有可能考虑清楚将来应该如何规划自己的职业发展路线。

为了拓展个人的更多可能性，需要站在像客场这种严峻的环境中面对挑战，但如果想在关键时刻获得胜利，将对手叫到自己的主场并拼命得分就更为重要。比如长友佑都选手，无论是在侧面运球突破对方还是在设置角球的策略上，他所做出的明确的行动就是最好的示范。

带着自信面对眼前的工作；带着自信设定每一个目标，勉励自己不断努力；带着自信发现自己的问题，积极地改进。如果不进行自我分析，就不会发现这些事情。

当回过头再次审视自己以往不够清晰的行动经历时，

你会发现不全是遗憾，也会有让你恢复自信的部分。

所有失败都有积极的一面

假设你正好因为连日应酬与宿醉度过了睡眠不足的一周。这时，你因为眼前无法完成的工作深感力不从心，并且因为睡眠不足导致身体不佳，情绪也很低落。人总会在此时变得消极和焦虑。

但是在周末体力恢复之后，当你翻开行程笔记本，回想起这周聚餐时聊过天的人，就会意识到从中获得的正能量。如此，你会发现其实自己度过了非常有意义的一周。

事实上，你会发现这并不是值得反省的一周，而是向前迈进了一步的美好的一周。这是不是可以说，通过回顾过去，反而能将"后悔"变成"自信"呢？

自信又源自哪里呢？

我觉得自信其实就诞生于过去的不断积累中。不断累积过去的经验与成绩才会产生自信。所以说，自信源于过去。

反过来，正因为有过去才谈得上自信，不回顾过去就无法找到自信。

长友佑都正是通过主动回顾自身才得以不断成长。在企业工作的人，是不是也应该抽出时间好好回顾一下自己的过去呢？

就我个人而言，一直都保持着预留时间给自己回顾过去的习惯。因为我相信这是产生自信的根源。自信要靠自己来培养，我正是以这样的意念来实践回顾自身这件事的。

4. 可以帮你好好回顾的"个人笔记本"

可以帮助你积极回顾过去的有效方法，就是在笔记本上记录下来。

我会分不同目的在我的包里放多个笔记本。这些笔记本被我视为"个人笔记本"，有的用来回顾自身，有的则用来规划目标。

写到笔记本上，有利于加深自信。这是因为当你写到纸上后，可以减少内心的模糊与混乱，在大脑中完成对信息的整理。

这不仅有利于看到一件事的表象（缺点），也有利于看到其内涵（优点）。这样就可以更客观地评价自己。

在使用笔记本时，我整理出了 3 个注意事项。

（1）在写出"后悔之事""需要改善的部分""问题"之前，先从"成果""值得肯定的地方"开始总结；

（2）按照"短期""中期""长期"的时间框架进行总结；

（3）在写完"需要改善的部分"和"问题"之后，一定要注明优先顺序。

自我评价时先总结优点

向别人反馈意见时，理应先说优点。实际上，在高盛、麦肯锡的 360 度评价中，也将优先传达对方的优点明确作为评价的基本原则之一。

如果没有先传达优点，而是直接指出待改进的地方，对接受反馈的人来说，容易产生情绪上的抵触。所以自我评价时也是一样，如果先从负面部分开始，情绪会变得低落，甚至会造成信心的丧失。

因此，首先请在笔记本上记录下自己每次通过努力获得的成果或有所进展的事件，不用管顺序的先后。之后再按照短期（1 周～数月）、中期（半年～一两年）、长期（3年以上）进行区分，这样会易于整理。

假设你回顾短期部分时，正值职场发生变化，或因公司内部发生部门调动，或因换了新的公司，总之此后的 3个月将非常忙碌，在发生变动之初定下的首要目标，自然是要适应新的工作环境。

投入时间去接触集团内各个部门的同事，倾尽全力去适应新的职场文化，以及这个环境下基本的工作方式。

与此同时，由于职场变化会对自己及家人的生活带来变化，因此新习惯的养成也很重要。或许需要调整起床时间，比以往更早出门，家人可能也需要调整生活节奏来配合你。

这样看来，一旦工作环境发生变化，需要调整的事情相当多。在如此繁忙的 3 个月里，如果仅考虑在工作上要达成什么具体成果，那么最终会因为没能达成目标而懊恼。

不过，在完全适应新的职场之后，仔细想想已经尽力做过的、已经完成的事情，你会发现其实这 3 个月过得非常充实。

在写出自己的成果时，如果能感到自己并非一无是处，就是一个好的结果。因为你已经发现自己真的努力过。

就算在工作上还没有看到一定成果，如果在个人成长方面有所进步，也值得写出来。

当你写出成果和值得肯定的部分时，一定要好好表扬自己，然后写下需要改善、需要作为课题考虑如何解决的部分。

表 1　对自己的正面反馈

短期（1 周 ~ 数月内）

做得好的事	成果

☞ 不用考虑顺序，随意罗列　　　　☞ 着眼于与前项的共通之处，列出 3 项为宜

1	例：在新的公司连续几日与同事共进午餐	
2		1　例：与同事们建立信任基础
3		
4		
5		
6		2
7		
8		
9		3
10		

> ## 表扬之语

☞ 把自己想成他人，思考表扬的措辞

---

1 例：刚换工作时又忙又紧张，但自己仍然积极与同事交流，努力的态度很棒

2

3

表 2　对自己的改善意见

短期（1 周 ~ 数月内）

做得不够好 / 没做完的事	问题 / 需要改善的部分
☞ 不用考虑顺序，随意罗列	☞ 着眼于与前项的共通之处，列出 3 项为宜

1 例：为客户制作的 PPT 不够完美	
2	1 例：PPT 汇报准备不足
3	
4	
5	2
6	
7	
8	
9	3
10	

改善行动	优先顺序
☞ 一定要落实到行动	☞ 必须决定出优先顺序

例：下次进行汇报前，先一个人 ②
在会议室多排练几次

1

2

3

表 3　回顾整理

先不要着急下笔，从短期、中期、长期、肯定点 / 改善点、反馈表的格式着手，不分先后地写下来，然后就可以轻松开始回顾总结了。

日期：　　年　　月　　日

	短期	中期	长期
成果			
值得肯定之处			
问题			
改善行动			
优先顺序			

此时，如果有觉得一下子难以理清的问题，可以先将未做完的、做得不够好的、有遗憾的地方写出来。当罗列出这些没能做好的问题之后，便会看清其中的共同点，此时再从中提取出问题要点就可以了。

当问题明确后，一定要确定优先顺序。否则，你会因为发现了太多的问题点而拥有无休止的压力。

先考虑清楚 1 年内需要专注的目标、眼前的 3 个月需要完成的内容，再结合实际情况不断缩小范围，就可以避免被众多问题压倒。如果问题明确，顺序也有了先后缓急，自信度就会有所提高。

而因为问题得到了明确，不安与含糊的情况也会减少，需要解决的事情便能了然于胸。

当问题的优先顺序得到梳理后，在一点点解决的过程中，才能看到众多问题被全部解决的希望，从而渐渐看清今后的方向与具体解决方法。我正是通过这样的方式，积极利用"个人笔记本"努力提升自信心的。

5. 在自信的背后有着被隐藏的准备工作

面对所有观众，站在台上手舞足蹈，侃侃而谈。

不经意地从牛仔裤口袋里掏出新产品。

配合大屏幕中的产品画面进行完美的演示。

举止大方，神情中充满自信。

这位身经百战的大人物，正是苹果前CEO（首席执行官）史蒂夫·乔布斯。

为了这场短短5分钟的产品发布说明，乔布斯进行了数十次的排练，这也成为一段佳话。

手的动作、眼神、站的位置、措辞、与画面的配合以及新产品的演示方法，乔布斯通过对细节的执着，无数次的演练，使表达精度不断提高，可以说做足了准备。

谁看了都会认为乔布斯是演讲天才。

从他身上能感受到一种灵气与领袖气质。再加上如此多的发布会，让他的能力不断精进。

究其自信的根源，其中之一离不开他在正式上台前数十次的演练。我们不能忽略这一点。

乔布斯也会紧张吗

2005 年乔布斯在斯坦福大学有过一场著名的演讲。通过视频，我能感受到他当时紧张的一面。

他提到了在大学时中途退学，因为失去方向而一度蜗居在同期校友宿舍中的经历，并且笑言演讲当天的毕业典礼是他最接近大学毕业典礼的时刻。

在讲到这段趣闻的时候，我能感受到乔布斯的表情中有一丝不自然。也许，即便是如此成功的大人物，因为中途退学，大学校园也成为他永远的遗憾。

因为内心深处有着强烈的羁绊，所以在讲述大学时代的自己时，他脑海里会掠过无数风景吧。

不同于苹果公司新产品发布会时充满自信的表情，我能感觉到他有一丝僵硬、紧张的情绪。

在演讲结束观众热烈鼓掌时，从乔布斯腼腆一笑的神情中，能够窥探到一点，他平时显现出的自信绝不仅仅是与生俱来的天赋才能，而是在他个人一点点的经历中积累而成的。

也许面对大学毕业典礼上的演讲，他没有像苹果发布会那样在事前进行充分的准备。在苹果发布会上的自信背后，离不开坚持不懈的努力与准备工作。

在这侃侃而谈的身影、毋庸置疑的自信神情、仿佛与生俱来的强烈领袖气质、自信满满的人物形象背后，其实也隐藏着自卑、不安与忧虑。

乔布斯之所以能消除这些不安并最终抵达自信的彼岸，根源就在于其坚持不懈的努力与准备。

精英人士不够专业的准备工作

这是在高盛的一幕工作画面。

一周之后即将向客户进行重要的提案说明会。已是深夜，公司的大会议室里仍然有大批身影，像这样为正式说明会进行事前练习的忙碌情况屡见不鲜。一开始由谁开头，其次如何衔接，每个人需要传达的信息是否表述清晰。大家在如此接近正式情境的紧张感中不断地进行演练。

这是在麦肯锡的一节课。

3 天后即将迎来咨询项目的最终报告会。在这场重要的会议上，客户企业的董事成员将齐聚一堂。直到最后一刻，大家都在不断充实提案的内容，思考逻辑是否清晰，如何表述才能打动客户的心，怎样做才能促成改革。要不断假设当天汇报时可能出现的各种情景，并思考如何灵活应对。

虽然在外面看来大家都是非常专业的汇报高手，实际上看不到的是他们无数遍的准备工作。即使公司内部的演练还未启动，每个人也会在家里或办公桌前小声地努力练习。关在小房间内一个人练习的身影也屡见不鲜。

没有经过充分练习的正式汇报是不会顺利过关的，这是从小就经常听到的话，然而也是长大之后时常忘记的话。

公司里有能力的同事其实都在背地里不断练习。当然我们很容易会认为，他就是因为有这种才能才得心应手，他这种天赋与生俱来。因此，我们才会在不经意间怠慢了每次的自我准备工作。

即便是乔布斯这样的伟大人物，不也是通过准备工作来加深自信，从而提高他本来的领袖气质吗？

也许我们可以说，没有经过充分准备就无法发挥出100%的实力。

准备工作可以促成正式场合下的好结果，自然也能够培养出自信。通过一点点积累，可以进一步巩固自信。形成这种良性循环的第一步，就是重新审视隐藏在背后的准备工作。

第一章 总结

★能够积极表扬自己，才能增加自信，获得成果。

★评价自己时，先从优点与成果出发。

★留出时间回顾自己的过去，一定会发现值得肯定的地方。

★通过"个人笔记本"记录成果、需要改善之处、问题，确定优先顺序。

★看上去是天才的人，其自信心都离不开细致的准备工作。

在日常积累中打造自信

6. 摆脱道歉，养成"提前10分钟到"的习惯

遵守时间约定是最基础的礼仪。这也是不太容易坚守的基本功中最基本的一项。

不迟到不仅是对另一方最起码的尊重，也是建立自身信用的第一步。相信没有人会质疑这一点。

而为了养成遵守时间的习惯，一个有效办法就是提前10分钟到。

在这一节，我想从自信的观点再梳理一下提前10分钟到的意义。

提前10分钟到能够催生自信，迟到5分钟则会夺走自信。

平日里能够养成提前10分钟到的习惯的人，自信时常溢于言表。相反，平日里总是迟到5分钟的人，旁人会难以看到他自信的神情。这是为何呢？

一句"对不起"便会夺走自信

如果迟到 5 分钟，最初的问候就得从"对不起"开始，因为需要向对方表达歉意。在最初的几秒甚至几十秒时间内需要说明迟到理由，低下头表达歉意。此时，若是在商务场合，就算此前做了很完善的准备，也会因为一开始的道歉行为影响自己的说服力。

迟到时抱歉的表情，与充满自信的商务人士的表情完全相反。这就是迟到会夺走自信的原因。

当然，有时对方也不会在意迟到的这 5 分钟。换句话说，就算当场表示过歉意也弥补不了迟到的事实，自身的信用已经打了折扣，不是通过道歉就可以消除的。

这对于迟到的一方而言很难，因为很自然就会想先表达歉意。

然而，"对不起""很抱歉"这简单的两句话，会从我们的表情当中夺走自信。

经常把"对不起"挂在嘴边的人，很难让人感受到他的自信。如果减少一些表达抱歉的情况，会让自己的发言更积极。

一旦养成迟到的习惯，在与人的关系中就会形成从道歉开始话题的习惯。在这之后的对话中自己会变得被动，总是落后一步。这样小小的瞬间不断积攒，最终会使自己缺乏自信。

反过来，提前 10 分钟到达就会提升自信。早一点到达就能确定约定事项的背景和目的，在一开始就能充满自信地问候对方。

如果要表达对上一次相处的感谢，也能看着对方的眼睛有诚意地沟通，传达出内心的感谢，并在之后的交流中积极保持自己的节奏。

像这般有效的沟通也能培养自信。并且，依靠这份自信又能催生出好的结果，以此进一步巩固自信。养成这种良性循环的契机，就是重视提前 10 分钟到的习惯。

7. 来自前任领导"再晚也要凌晨 2 点前"下班的自信

　　在办公室工作到深夜，连续几日埋头于加班。不仅睡眠不足，头脑也混沌不堪，工作效率低下已成为常态。即使面色苍白、很不健康，也仍然在努力工作。这样下去当然不会看到成果。

　　偶然在走廊上碰见同一时间入职的同事时，嘴上也尽是"工作好忙，太累了"的抱怨声。再往下说，就是"忙成这样，这公司也真是干够了"等怨言。此时，其实你已经能从内心深处意识到自己是多么努力了。

　　在刚进高盛的第一年，我就是这样的状态。每日都加班到深夜，从未想过如何提高工作效率。

　　自己当初难道不就是因为想要体验这样严峻的工作环境才进来的吗？

　　看着如此心有怨言的自己，内心深处另一个隐藏的自己发出反问的声音。

　　更过分的是，偶遇学生时代的同窗时，还会自夸自己如何忙碌加班，因熬夜而睡眠不足。然而自己并没有看到成果，只是一味拖拖拉拉地工作，被加班压得喘不过气，沉浸于繁忙人士的形象。

因为睡眠不足，自己在第二天的早会上自然是一副疲惫的神态，无法自信地回答领导与前辈提出的问题和工作安排，也没有完成任务的自信。

大概那时候内心缺乏的自信、不安都写在脸上了吧。在如此睡眠不足、头脑混沌的状态下参与会议，自然是看不到自信的。

原因之一，就是自身的大脑与身体都不是100%的状态。如果是以100%的状态参加会议，即使没有充分准备过被问到的问题，也能立刻回答"还不太清楚""我稍后再进行调查"。正是因为当时身体不佳，反应才会次次落后，让自信逐渐消失。

而与此同时，一起共事的领导却能时常保持自信。不论是在一大早的会议上，还是深夜的跨国电话会议中，总是保持着精神饱满的状态。就算是最忙碌的时候，也能积极专注于眼前的工作，看上去总是很快乐地享受着工作本身。

如何在忙碌的每一天不断取得成果

领导回家的时间很有特点。在做最重要的项目时，一定会在工作日的凌晨 2 点准时下班。不是凌晨 3 点也不是 1 点，而是凌晨 2 点。在此之前集中精力工作，一到 2 点立刻收工并整理好次日的待办事项，然后披上外衣回家。

明明 5 分钟前还在电脑上向国外写邮件，等我回过神来已经看不到领导的身影了。

这位领导无论多忙，都严格要求自己最晚加班到凌晨 2 点。当然淡季也有提早回家的时候，不会拖拖拉拉地一直工作。

当时的项目很紧急，团队成员在高强度的紧张感中总是连日埋头于极度繁忙的生活。一天天过去，大家仍然每天都在公司坚持加班，就算有时可以早点下班，一想到第二天的工作，都觉得早点着手新的工作是明智的选择。

因此，领导不会在凌晨 1 点就回家，而是选择坚持到 2 点。然而之后无论兴致多高，一想到第二天的工作，就会果断在 2 点准时收工离开公司。也许是意识到一天之内无论多么努力也不可能做完一切工作，所以更要在忙碌的时候考虑如何才能不断取得成果。

这位领导当时住在离公司很近的地方，因此通勤时间很短。我那时租住在可以步行到公司的单身公寓里，所以通勤时间上，我跟领导是一样的。

而我跟他的差距在于，健康管理的彻底程度与对不断取得成果的执着程度。我通常会在公司拖拖拉拉地工作到早上，而领导则在全神贯注地工作的同时保证身体健康，坚持每次到点就收工。

因为公司离家很近，所以凌晨 2 点下班后到第二天早上还能保证 5 个小时的睡眠时间。如果是凌晨 3 点下班，睡眠时间就只有 4 个小时。

如此一来，就很难保证大脑和身体一直处于 100% 的状态。根据领导的经验，如果每天能保证 5 个小时以上的睡眠时间，就可以接近 100% 的精神状态。

身体状态达到 100% 时，才能自信地专注于每一天的工作。即使没有取得成果，也能思考改善的策略。就算在最佳状态下工作失败了，也没有遗憾和怨言。因此，自信地对待每一个工作瞬间非常重要。

经常听别人说健康管理是如何重要。

平时的工作并不需要加班到凌晨 2 点，所以没必要鼓励长期加班。

在这里介绍的领导的厉害之处，并不是每天一定要加班到凌晨 2 点，而是**专业地考虑、合理地安排和控制加班的时间，以保证第二天的健康状态**。想要保持接近 100% 的身体状态，应深入了解自身需要怎样的睡眠、生活习惯、休息程度。

为了正视自己在中长期取得最大的成果，要先明确自己必需的健康管理并一步步执行。这也是我学到的经验，即通过认真做好健康管理，积极提高自己的自信很重要。

8. 紧绷的小腹让身体找回自信

对商务人士而言，定期运动是抗衰老的第一步，它能够唤起正能量，也就是提升自信。

通过解决运动不足的问题，可以提升自信。

恢复精神可以解压，然后找回积极的心态。

这是一种因为在做利于身体健康的事而感到满足的自信。

因为体力提升，而对自身体能感到自信。

甚至对商务人士的日常工作而言，这是因为能促进良性循环而感到的自信。

它存在于与他人的关系之中。

想见人和不想见人的日子

因为睡懒觉而没法打理发型的时候，没有足够时间化妆的时候，总是不愿见到他人。不修边幅地去住处附近的便利店却正好撞见熟人，你一定不好意思被人盯着看来看去吧？

反过来，戴着心仪的领带出门，会不会兴奋地总想遇见谁呢？周末去了一趟理发店，在变美的周一早晨出门，是不是觉得背都挺得直直的呢？

在商务人士的世界里，几乎每天都需要与人打交道。

虽然依靠互联网和实时通信技术，不用面对面就能完成工作，但大多数时间我们仍处于现实环境。在现实世界里，很多时候成果都诞生于人与人的合作之中。在这里，喜欢积极与人相处的人，和不希望与人接触的人相比，谁更容易取得成果呢？想必是前者吧。

然而不可思议的是，即便是同一个人，也会有想见人和不想见人的时候。我自己也时常会有这种微妙的心理变化。

当想要主动约见朋友时，就会像前面提及的那样选择喜欢的衣服和发型，如果您是女性朋友，也许还会考虑妆容。此外，也会有身体状态好和不好的时候。当然，定期运动也会对人际关系产生积极的影响。因为经过定期运动后，人的体态也会有所变化。

成年之后身高通常不会有太大的变化，也不会出现体型发生很大变化，终于变成自己梦寐以求的状态的情况。不过，每个人都有属于自己的最佳体态。

最重要的是在符合自身体质的前提下，努力接近最佳体态。当你去洗手间时，看着镜子里的自己，发现脸色不好，或是腹部下垂时，面对他人总是难以变得积极。反之当你接近最佳体态时，才会更自信地接触他人。

为什么精英人士都注重外表管理

在哈佛商学院的同学当中，不少人都因为外表给人留下了良好印象。这绝不是指美女或帅哥的意思。在商业世界里，这种观点是指因为意识到第一印象的重要性，所以努力尝试改变外在形象。

事实上，每次到哈佛商学院的健身房，里面都热闹非凡。热闹的原因是健身的人都意识到适当的运动不仅可以释放压力，还能塑造体形。

作为商务人士，某种程度上注重外表管理确实重要。

也许有些人会认为，为了塑造体形去健身房不过是追随潮流，不免给人一种浮夸的印象。

但这里并非指一味过度地减肥，而是通过定期运动来改善自己外观上留给他人的第一印象，以此从内而外地提升自信。

9. 转换休假方式，提升假期后的自信心

难得的假期，只有 4 天 3 夜的短期行程。

假期的第一种使用方式：

刚到旅游地的第一天，脑子里还在想公司的事务，或频繁确认手机里的信息，或直接打开笔记本电脑。整个人的状态心不在焉，完全不能好好享受休假。等假期过半时终于放松下来，直到最后一天才达到 100% 的休假状态。但是一想到原本计划多休息几日，第二天却要回到办公室，整个人都不好了。一回到家，想到次日不得不做的工作就开始郁闷。

假期的第二种使用方式：

盼了那么久的假期终于到来，事前准备工作也已完成，休假攻略早已做足。假期第一天开始就按计划充分享受，假期结束前也会提前回家，为次日的工作调整情绪，第二天一早就精神抖擞地回到办公室开工。

这两者都属于比较极端的例子。事实上，不论是前者较为慢热的度假方式，还是后者做足准备的休假方式，都

不常见。

　　但是，对这些场景略为熟悉的读者应该不在少数吧。这两者的区别在于，将休假高潮放在前期，会利于放松，从而能够在后期顺利调整个人的状态与情绪。

　　反过来，若是把休假高潮放在后期，就有可能把无法消化的休假情绪带回工作环境里。

果断休假的精英们

　　在高盛和麦肯锡的专业人士，都能果断地安排休假计划。当项目进展减慢，腾出空闲时，他们就会立刻休假。一旦中途突然有事，也不得不立刻取消早已安排好的休假，这样的情况也不少。

　　在平时的工作环境中也会有类似情况。在几乎天天加班到很晚的业务旺季，偶然某天可以早点回家的话，就会尽快离开公司。

　　预计今晚会收到客户董事层的审批却又迟迟未果时，就会停下手上的工作。准备回家时，发现 5 分钟后同事早已不在座位上，那些拖拖拉拉还在工位上的人反而会被领导呵斥。

不论假期还是工作日，大家从 on（开）切换到 off（关）的效率非常快。能够形成如此快速的转换状态，也许是因为假期有限，从而培养出了大家抓住每个瞬间机会的习惯。

切换至 off 的方式，我觉得非常重要。并且，off 的切换方式也直接决定了切换至 on 的方式。

on 与 off 之间的自如切换

回到家里，因为连日的劳累，衣服也懒得换就倒在床上。即使比以往的睡眠时间更长，第二天醒来却仍然感觉疲惫。

另一种做法是，虽然当天很疲惫，但是淋浴之后坚持整理仪容，换上睡衣再就寝，第二天醒来便又恢复了以往的精力。

在进入 off 状态开始休息时，还是要有积极向上的意识。要意识到能够从 on 切换至 off，结果才能确保 off 自如切换至 on。

当你顺利切换回 on 时，新的一周才会有更多自信。

我为了能在假期之后找回自信，一直坚持下意识地对待从 on 切换至 off 这件事。

10. 利用周末自我投资，可以实现自信的良性循环

领导在离开办公室与客户应酬之前，回头对最后一个留在办公室的我说："要是遇到不明白的地方，随时给我打电话。"我虽然嘴上回答"好的"，却仍然忐忑不安。

究竟不明白到哪种程度，才能跟领导请教呢？

我对自己的疑问本身都没有搞清楚。

等到着手后，才发现有更多不明白的地方。

结果没能直接提问，而是等到第二天才去请教领导。

事后领导虽然细心指导了，但也责备我："为什么昨晚不打电话问我呢？"

这正是我在新人时期经历过的画面。

回想起来，这种情况也与学校课堂上的经历相似。

虽然大家都被要求"请各位提出问题"，但终究很少有人能够堂堂正正地当场提出问题。

自信满满地提问的哈佛商学院同学

哈佛商学院的学生在上课时，遇到不明白的地方都会自然又自信地举手提出疑问。

即便是很细节的问题，也会满怀自信地提出来，仿佛在表达老师没有解释清楚一样。

这样的自信究竟从何而来呢？

理由之一，应该是在提问之前有过充分预习和调查，从而有了自信。

正是因为此前有过努力并打好了一定的知识基础，才能有底气直言自己的不明之处，这也是对自身知识基础的一种自信。

通过提问，获得进一步说明指导，自己就一定能够理解。这是对自己理解能力的自信。

还有另一种自信：我不能理解的话，其他人也无法理解吧。

只有在听课之前做了充分的预习，才可能针对昨晚在家所读教材中未涉及的内容，自信主动地向老师询问不明白的地方。

也只有在努力花时间阅读，却不能理解其中之意时，才能主张自己的提问权利。

究其根本，这是一种通过平日里的点滴积累，踏实努力之后展现出的自信。拥有了这份自信，才能引导出堂堂正正发问的勇气，才能拥有维护自己正当权利的主动意识。

坚持到最后会加深自信心

在日常生活中，我们应该怎样收获这种自信呢？

首先，自然是在平时的工作环境中，尽最大努力去学习。

为了赶上周围的同事、前辈或领导，拥有自己一直在努力的自信很重要。

对于忙碌的商务人士而言，要掌握好商务基础知识，就需要在日常工作中最大限度地吸收和学习。

并且，最重要的是看到自身的水平提升。那么，要从哪里挤出时间呢？

在我之前的作品里曾经讨论过，每个周末 20 多岁的人需要 1 天，30 多岁的人则需要半天的时间进行自我投资。取得技能资格证、读书、参加学习会、学习外语，等等，可以安排各种活动。

学什么和在哪里投入时间很重要。要在有限的时间内努力磨炼自身素质，这件事情本身也能加深我们的自信。

虽然为自己正在努力的过程本身感到满足会显得本末倒置，但是努力过的这个事实也很重要。

那么，如何做到与私人生活两不误呢？

这自然是很重要的一点。我会在下一节介绍如何把握好工作与生活的平衡。

11. 把握工作与生活的平衡需要了解"时间轴"的概念

大家对经常提及的工作与生活的平衡这个话题怎样看呢?

周末积极进行自我投资,会有助于自身的成长。

与此同时,通过这样踏实的努力也会构建出自信心。

然而,问题在于周末这样宝贵的时间都用于自我投资的话,可能会打破生活与工作的平衡。

在考虑两者平衡时,关键点是如何设置时间轴。

我接触过的哈佛商学院的同学中,大部分在两者的平衡问题上都会设置中长期的时间轴,而非短期。

工作与生活相平衡的本意

有时我们为了在职场上提高业绩,或是在私人生活上更加充实,需要在短期内将更多精力投入某一方中。

此时，如果过于在意两者的平衡，保持平衡本身就会变成形式上的目的。

根本目的应该是进步。在前进过程中，保持平衡、不断进步才是工作与生活相平衡。

最初，平衡不仅仅是左右相等的一种状态，更是在倾向于某一方时能够不倒的一种平衡感。

就像在平衡木上前进时，如果即将落下，需要摊开双手、弯腰稳住平衡。

此时，如果仅仅把平衡作为目标，就会变成一步一步慢慢走路而已。

原本，稳住平衡就不是最终的目的，以更快的速度脚踏实地地前进才是目的。在前进过程中，如何保持平衡、不掉落才是平衡能力。

与其在一开始讨论两者平衡的理论，不如尝试先踏出前进的一步。当两者失衡时再摊开双手，弯下腰部。这样保持平衡的方式，才最适合中长期的考虑。

集中投入带动生产性

在哈佛商学院的两年，我过得相当艰苦。其间无论怎么保持平衡，也总是会倾向于工作。

大多数的毕业生在毕业时都还有学费贷款在身。为了短期内完成还款，也为了在职场积累一定的业绩和经验，毕业后的一段时期内，很多人都会选择非常艰苦的职场环境，将更多精力投入工作中。

换句话说，哈佛商学院的大部分学生在学习的两年内到毕业后的数年间，都会选择重视工作，因为要同时进行多项事情是很难的。

在一个时期集中精力做一件事，通过这样的方式一项接一项地提高生产性，会获得最大程度的成长。

若是为了提高自身水平必须投入时间，可以通过周围人或伙伴的帮助，在一定时期内集中精力在工作或学习上。

这里的一定时期，短期可以是 1 个月、3 个月，长期也有中长期的可能。

之后随着年纪的增长、家庭成员的增加，周末用于自我投资的时间会随之减少。因此 20 多岁时要尽量进行自我投资，到 30 多岁确保半天时间就好了。

12. 每一次小小的毕业都能加深自信

人生有很多场景都会面临"退学"或者"毕业"，不局限于学校或者公司。尽可能积攒更多的"毕业"经历，是加深自信的要素之一。

对于毕业，有着各种定义。在学校时，出勤率达到一定比例，完成必修科目并达到测试要求的基本分数就可以拿到毕业证书。在学校以外的地方，虽然说是"毕业"，但显然是没有毕业证书的。

因此在学校之外的地方，是"毕业"还是"退学"，终究取决于自我判断。回顾自己的过往经历，判断是否对组织做出了一定的贡献，促成了整体的业绩，并且自身也获得了一定的学习经验。

看看自己是否能够认可这些经历，并积极面对下一个阶段。

不论你是优等生还是差生，最重要的是能否坦然地对自己说出"我毕业了"。

进入"毕业"的良性循环

在学校，毕业也分很多种。从附属小学毕业进入本校，之后直升本校的大学。这是在学业上不断毕业的例子。

在高中三年之后，完成入学考试进入大学，则是在青春期以另一种方式勤奋努力完成学业之旅的例子。

一次毕业会带来自信，并与下一次毕业息息相关。这就是自信的良性循环的实例。

用毕业作为一个阶段的结束，可以明确学到的内容或工作成果，并为下一个阶段积累更多积极的能量。这样的能量会促成下一次的良好成果，在提升自信的同时，让良性循环不断持续下去。

回顾过去，也会有不少没能顺利毕业、中途退学的经历。不论是学习还是兴趣小组的活动，大概每个人都有这样的经历。这些都是你无法删除的"退学"经历。

但你可以做到的是，在下一次努力毕业。当然这个毕业不一定是非常隆重的毕业。

首先，从小小的毕业开始建立良好循环。此时再回头看过去的退学经历，你会发现其实那已经成为另一种形式的毕业。

不能诚实客观地看待自己的过去，当然不是一件好事。当你重新看待过去时，应该多少能够发现一些成果，有些退学其实也是毕业。

退学还是毕业，判断都在于自己

很多时候我们回顾过去，属于退学的情况也不少。这时最好可以对退学的理由进行整理，并且对下一个阶段抱着务必毕业的态度。

坏的例子是，明明毕业了却不认为是毕业，停留在模糊不清的感觉上；或者原本是属于毕业的经历，却执意将其视为退学；或者再次回顾时，明明是退学的经历，却不能好好整理退学的原因，而是得过且过。

其实到最后，是毕业还是退学完全取决于自己怎么看，但是需要你先回顾过去，才能做出准确的判断。

回顾过去这件事情本身就是一种情绪的整理，也可以说它即是毕业。

不论是毕业还是退学，好好回顾过去，才能提升下一个阶段的自信。

第二章 总结

★要意识到哪怕迟到 5 分钟，也会失掉自信。

★要想保持身心 100% 的状态，就要定期运动。

★注重仪表可以培养自信。

★学会在 on 与 off 的状态间快速转换。

★唯有努力过，才有提出自己不明白之处的自信。

★工作与学习都需要集中投入精力，这样才能提高成长速度。

★养成平日里回顾反省自身的良好习惯。

积累小小的领导力

13. 像呼吸一般随时随地发挥你的领导力

培养出改变社会的领导者。

We educate leaders who can make a difference in the world.

哈佛商学院的使命就是培养领导者。从开学第一天到毕业典礼的两年期间，我每天都能听到"领导力"这个词。

哈佛商学院主要开展的是哈佛大学研究生院的管理学硕士课程。如其名所述，这是培养经营管理者的专业研究院。既然要培养出组织中的领导人物，领导力这个概念自然非常重要。

我在入学之前，一直抱着"管理者＝领导"的固有观念，认为哈佛商学院是注重讲解领导力的重要性的教育机构。

事实证明，我的这番认知并不全对。

在哈佛商学院的毕业生当中，很多人都就职于管理职位。从这一点来讲，"管理者＝领导"的观念并非完全错误。

然而，哈佛商学院并不是为了培养能够带领组织的管理类人才，才讲解领导力的重要性的。

领导是指率先行动的人

我在哈佛商学院接受的教导是，每个人在每时每刻都能自发地思考并率先踏出一步，为实现整个团队成果做出贡献，这才是领导力。所谓的领导力，不单指领导个人的能力，而是整个团队所有人发挥的一种能力。就像呼吸一样，是每个人在无意识的情况下都可以具备的意识和行动。

这样的领导力，自然不是指组织里的CEO这种职位才能胜任的能力。

首先，"领导"从英语单词（leader）直译过来，就是先行者的意思，是指在一个团队里能够率先进行思考，率先发表自己的见解并先行付诸行动的人。这绝非谁先谁后的顺序上的竞争，只不过是通过"自发的"意识引导出"率先的"结果。

其次，并不是要执意按照自己的思维方式强制整个团队去执行，而是将团队的成果作为最优先的考量，为了获得成果而率先着手行动的一种理念。

当别人犹豫不决时，自己先尝试行动。这么做虽然有一定的风险，但是为了整个团队，还是要考虑率先行动。自己不做，谁做呢？不把责任推到其他人身上，这种责任感才是领导理念的根本。

哈佛商学院式领导力

在哈佛商学院的班级、俱乐部活动中进行分工安排时，我也曾经历过不小的冲击，那就是看到很多学生踊跃举手想要竞选领导。

此前，我一直认为自己去参加候选的行为有些异样。领导应该是被他人推选出来的，而不是自己主动参选。这种观念在我心中一直根深蒂固。

领导是凌驾于一般人之上的存在，这大概是我与哈佛商学院学生之间最根本的思维差异。想来这种想法真是过于傲慢，因为我觉得作为组织中的领导者，应该是居于其他人之上并率领组织前行的人物。"人上之人"确实是略显傲慢的措辞。

当被人推选的时候，还要一度以"没有没有，我怎么可能胜任呢"表示抗拒，再三被推荐后才无可奈何地表示"既然如此，我就恭敬不如从命，接受这份荣誉"。多亏大家的支持与举荐，"我才得以获此殊荣"。这是我之前理解的领导推选。

不知道是何种契机令我抱有这样的想法，也许是自己一直没有深究过领导力的真正含义吧。像这般被周围的人推选出来，自己一度婉拒，但碍于没有出现其他更合适的候选人，所以最后决定就任首相。其实，真正有实力的领导者大有人在。结果却是一年任期届满后，大家仍然在重复同样的过程。

在这里要是一直批判日本的政治体系，难免显得我也缺乏领导力的意识，所以就此打住。然而，我过往对于领导力的理解，大概就是在这样的媒体环境中，潜移默化地受到了影响吧？

哈佛商学院的学生在竞选领导时，完全没有"人上之人"的想法，更多地是希望"通过自己率先行动，承担更多的风险，带领团队为整体的成果做出贡献"。如果拘泥于在人之上或在人之下的话，就会局限在要么站上面、要么站下面的某一个角色上了。

而"通过自己率先行动"的想法，就不会将团队一分为二。所有人都抱着"率先行动"的想法的话，整个团队的工作推进力度就会提高。

要有承担风险的觉悟

先行者通常都会面临风险，因此需要具备承担风险的觉悟。

我在哈佛商学院被领导力这个概念点醒的时候，曾联想起小时候的一段经历。

那还是在参加小学组织的足球队夏令营的时候。从住的地方到球场需要步行 20 分钟左右，但我们当时在山里迷了路，所以和同年级学生讨论起选择走哪条路。

我在发表了意见之后，就带领 5 个小伙伴行动起来，之后不论怎么走都看不到球场，反而看到了与球场方向完全相反的另一座山顶。这时其中一名小伙伴开始对身为领队的我发怒道："是谁说要走这条路的！都是因为谁我们才迷路的！"

　　这时我回答道："是我说走这条路的。但是大家不也同意了吗？不要全部怪到我身上！"

　　之后我们就大吵了起来。

　　现在回想起来，会觉得自己也欠缺领导力。我当时应该说："是我说要选这条路的，很抱歉。请大家互相帮助走出去，一起摆脱现在的困境，好吗？"

　　当按照自己的意见执行的结果不尽如人意时，责任就在自己身上，跟周围有没有人表示赞同没有关系。所谓领导力，是既能在结果令人满意时收获各方感谢，也要在不尽如人意时自己主动承担责任。

　　为了避免因承担责任带来的风险，先行人容易变得犹豫不决、裹足不前，但也必须站出来面对挑战。

　　另一方面，在场的伙伴也缺少一定的领导力。

如果赞同了带队人的意见，即使最终迷路了，也不应该一味指责带队人，而要反省自己为什么仅凭信任就完完全全依赖领队，自己也有部分责任，不是吗？然后大家再共同想办法。这就是每一个人都要发挥领导力的意义所在。

话说回来，像高盛、麦肯锡、哈佛商学院这样的组织为什么能够一直保持在业界或者教育机构中的领先地位呢？

在每个行业处于领先地位的组织，往往都没有可以借鉴和模仿的对象，只能靠自己判断并把握方向，然后勇敢地在他人之前踏出第一步。

如果说发挥作用的只是这些组织的 CEO、学校校长，就有些片面了。

正是因为没有模仿对象，要想持续处于业界领先地位，就必须要团队中的每一位都具备领导能力。如果缺少这种走在前面的意识，很容易会被后面的竞争对手超过。

领导越多团队越齐

日本三得利控股公司首席执行官新浪刚史先生，曾在任职罗森便利店品牌会长时的一段采访中说过这样的话：

"作为行业内的二把手，追随7-11便利店这样的榜样固然很好，但追随并不是件简单的事。因此，我才会选择转身寻找属于自己的独特战略方针。"

作为业界二把手，虽然有能追随的目标，但这样不仅无法摆脱万年老二的形象，一直居于二把手也并非易事。正因为如此，他才会考虑让罗森成为其他形式的先行者。

实际上，高盛、麦肯锡、哈佛商学院追求的人物形象都是具有领导力的人才。要想走在业界领先地位，就需要组织中的每位成员自发思考、自发行动、承担风险，为促成组织的成果做出贡献，有了这种意识才能确保组织处于持续领先的地位。

不可思议的是，这三个组织中虽然都聚集了非常多具有领导力的优秀人才，他们却能够非常好地进行团队合作。领导力是为了最大程度实现团队成果而进行的自发的率先行动。因此，领导力与团队合作是相互作用的两个要素。

如果没有领导力，就无法凝聚团队。反之，如果没有团队合作，也就不需要领导力了。究其原因，领导力的最终目的就是促进团队成果的最大化。

我在哈佛商学院学到的领导力，就是在日常工作中自发地率先行动，自发思考，勇于承担风险。这既不局限于高管要职，也不意味着立于他人之上。

哈佛商学院式的领导力，如同呼吸般潜移默化地融入每个人每天的实践意识与行为当中，而我也在每天实践着这份理念。

14. 不断累积作为领导的每一次小胜利

请分享一下你发挥过领导力的经历。

Describe your leadership experiences.

这是哈佛商学院入学考试中一定会出现的问题。正因为哈佛商学院的目标是培养领导者，所以会从提交申请之时起，始终如一地从领导力的角度评判每一位申请人。

哈佛商学院是一所面向平均工作年龄在 3~5 年的社会人士的研究院校。因此，当涉及领导经验的问题时，他们自然最期待听到职场中实际的领导案例。

不过，包括我在内的不少申请人多少都有些疑惑。因为对于 25~35 岁年龄段的候选人来讲，很少有人已经处于可以发挥领导能力的职位。特别是在大型企业工作时，候选人已经身居公司要职或者已经具备带队管理经验的可能性更低。

在这里我犯的错误是，一直费尽心思地挖掘我作为项目经理助理，或是在小团队中担任领队角色的经历，仅仅抓住接近领导者的角色来表达所谓的领导经验。

其实从面试官的角度来想，才30多岁的年轻人自然不大可能做到集团领导者的职位。对方深知这样的例子即便存在，也非常稀少。

而且，即使作为项目责任者的助理执行过很大的项目，也不过是角色之一，并不能代表自己在领导力方面的具体成就。

然而当时我不但没有说出具体负责的工作内容，只是一味强调岗位名称来博取面试官的注意，甚至还想依靠项目本身的高大上、对世界的影响力来为自己的领导经验增光添彩。

一次小小的胜利增进更多信心

那还是我接到哈佛商学院的面试后，挤出两天一夜的行程赶到波士顿时的事情。

面试官仔仔细细翻看完我的简历之后，提出了不少非常具体的问题，仿佛是希望从这些具体的问题当中挖掘出我积攒下来的领导力、我对领导力的实际看法、对任务的处理意识、克服问题的方法以及对事物的看法，等等。

哈佛商学院的面试官真正想要了解的是，我在日常工作与生活当中是否已经意识到应该积累每个细小的领导经验。

此外，这位面试官还针对我在某个任务中如何与后辈一同工作进行了深入了解。

例如，当时后辈面临的问题是什么，对此我是如何处理的，现在回顾当时的处理方式自己是否感到满意，或者现在觉得当时应该如何更好地处理。

我当时的回答是，那位后辈其实是一位非常优秀的人才，只不过当时有些缺乏自信。正因为我在新人时期也有过类似的经历，所以才能对他的问题产生共鸣。每次我都会留意，给这位后辈一些能够建立自信的实际建议。

我一直认为，对那些没有自信的人，如果直接说"你只是没有自信，自信一点吧"，会有适得其反的效果。在他们听到"你信心不足"的时候，应该会更加没自信吧。

反而是给他创造一种自然而然找到自信的环境，帮助他做出成绩，通过每次不断的积累，才会找到自信。而且在有了成果之后，要适当感谢并表扬对方，使其获得自信。

要想建立信心，积累每一次小的胜利（small win）非常关键。

我还会为每个小胜利设定意义。由此，我在面试中完成了对自我看法与行动结果的介绍。

当时我跟哈佛商学院的面试官谈得非常尽兴。他想了解的领导经验，既无关职位与立场，也无关项目大小。

属于自己的领导力

所谓领导力，我认为是在每个哪怕很小的情境下，也会自发做一些事情，并试图感染周围的人，带来一种积极影响的能力。

这不仅仅是为了自己的成长或业绩，而是把团队、集团、组织的业绩与成长作为优先的考虑，每时每刻都带着主人翁意识勇往直前，这种能力才能称为领导力。

面试官想要了解的，正是我有没有这样的行为意识或思维。这与当时的我有没有理解领导力的真正含义没有太大关系。

领导有很多种风格，需要每个人去摸索和建立属于自己的领导风格。

通过积累每一次小的领导体验，总有一天会培养出伟大的领导力。我深信如此，所以一直将其贯彻在自己每时每刻的行动里。

15."所有权"是领导力的第一个环节

要让每个人都发挥领导力，落实起来并没有说的那么简单。

如果身处某个组织或团队的管理职位，自然会产生想要发挥领导力的意愿。然而对团队中的一般成员来讲，突然要让其发挥领导力，并非那么简单。

在哈佛商学院，为了引导出每个人的领导力，一种培训方法是提高"所有权"意识。

高盛的前辈给我的建议

将"所有权"翻译过来，其实就是主人翁意识。是一种能将眼前的问题视为自己的问题的认知，也是一种将眼前的工作视为自己的分内工作的意识。

反过来，认为"眼前的问题与自己无关""就算我不做，也会有其他人做的""就算一开始我不做，也没关系"。如此事不关己的意识，与所有权意识正好完全相反。

在哈佛商学院学习期间，我不断遇到个案讨论的任务。以现实存在的企业、组织里的人物为中心，让学生们以主人翁的意识对这些人物面临的问题进行充分讨论。

"如果是你，会如何处理？"通过这样的反复自问落实到行动方针上。在这样的训练中自然不允许他人随意决断，而是将主人翁的意识根植于每个学生内心，这是很棒的培训。

当所有权意识得到提升后，自然而然就跨出了领导力的第一步。

我在高盛的新人时期，曾经接受了前辈给予的建议。

那时我正好和他共同负责一个项目，他对我说："你应该再多带一些主人翁意识参与进来。"我那时认为自己不过是刚毕业的新人，不好凡事都跑在前面，所以总是造成被动又落于人后的局面。

换句话来讲，当时的我因为缺少主人翁意识，所以失去了积累小的领导力的机会。

如果我有主人翁意识，就会把这个项目视为自己的项目，并自发地开展行动。要是自己都不行动，还会有谁去推动呢？应该要这样想——如果我不做，这个项目的存续恐怕就悬了。拥有这样的意识，才会让人在团队里自然而然地率先解决问题。

自从听了前辈的建议之后，我就像对待自己的孩子一样对待当时的项目。结果，我开始很开心地沉浸在整个项目里。

其实，前辈和领导都在主导这个项目，我不过是承担了部分工作。但自己的心态调整后，对工作的处理方式也有了变化，另一个结果就是工作本身也变得有趣了。

麦肯锡公司为什么追求领导力

麦肯锡公司追求的人才一定是具备领导力的人才。理由之一是麦肯锡的客户都有十分复杂的经营课题，要想解决这些问题，仅通过模仿前人的做法是很难实现的，最重要的是能够从零思考如何解决问题。

理由之二是麦肯锡非常重视客户的课题，需要员工具备将这些课题视为自己的课题的所有权意识。

就算提出的方案理论上行得通，如果过于脱离现实，提案本身就不会有价值。经营顾问若内心总想着这些课题都是客户自身的经营问题，从旁观者的角度参与解决的话，是没有办法做好顾问这个职业的。

即便你有很高的专业素养，能够投入 100% 的精力到工作上，但若是保持旁观者的态度，就无法体会到需要解决问题的危机感，甚至没办法深入思考和分析问题。

如果你能通过对项目的理解，将客户团队的痛苦视为自己的痛苦，最终发挥出的价值将大不一样。

对客户而言，这一点也是顾问能否提供最佳提案的关键之一。

销售也是一样，是将客户的烦恼视为自己的烦恼，还是视为与己无关的他人之事，仅提出肤浅的解决方案，这两种意识不仅会为最终的客户签约率带来差异，在之后的客户满意度上也会是天差地远。

在实践所有权意识的时候，我有一个很有用的联想方法。

那就是在平时，对眼前的所有事物养成一种自问自答的习惯："如果换作是我，会怎么做？"

"换作是我"这样的思考，会提升主人翁意识。

而"会怎么做？"会迫使你开始思考具体的行动策略，将其视为自己的课题。

一旦开始问自己"换作是我，会怎么做？"，就会养成开始思考没有正确答案的问题的好习惯。

有了这个想法之后，在下一节我将介绍如何深入思考并落实具体的行动。

养成将身边的各种事情、课题视为自己的问题的习惯，就能提升自己的领导力。

我就是通过思考"换作是我，会怎么做？"，在每一天积累自己的所有权意识的。

16. 不断问自己"换作是我，会怎么做？"

对于那些非常重要又难度极高的工作，需要做的是提出恰当的问题，而不是正确的答案。

——彼得·德鲁克

The important and difficult job is never to find the right answer; it is to find the right question.

by Peter Drucker

"思考没有正确答案的问题"也可以被视为领导力中的一种。

因为通过思考没有正确答案的问题，你会想主动进行分析，并自发地行动起来。

通常，主动出击意味着没有行为范本可以参考，也没有可借鉴的案例。在这种情况下找到解决方案，正是所谓的"在没有正确答案的情况下思考问题"。

不要成为缺少实践的评论员

首先，找出问题就不是一件容易的事情。

如果有正确答案，很容易就能确定问题点。然而如果没有正确答案，就很难弄清楚问题是什么。

学校里的考试题目也是根据正确答案挑选出的"问题"，然后混入干扰选项。

于是，我们在学校的这种考试制度下，习惯了从一开始就设置好现成"问题"的状态。然而，我们自己却没有亲自设置"问题"的经验。

只要有一个清晰的问题，就可以进行相应的解答。但是如果不能明确问题是什么，或者不知道该如何回答，那么就算绞尽脑汁也很难理出头绪。

在这里，我想介绍一个在设置"问题"时很有效的方法。

这就是前一节讨论过的所有权意识的第一步，针对眼前的事情问问自己"换作是我，会怎么做？"。

比如，针对现在日本人口减少的问题，你自己的观点是怎样的？问问自己"如果我是总理大臣的话，会如何处理？"，这样一来，问题多少就变得清晰了。

其实重点不是思考"自己的意见如何"，而是考虑"换作是我，会制定怎样的行动方针或者解决策略"，抱持主人翁意识，将脑子里的想法具体到行动方针上，才能让自己分析出更具体、更有建设性的意见。

在这里，如果没有带着主人翁意识从"换作是我"的视角来考虑，想出的很有可能是不太现实的意见。

此外，如果分析的结果不能落实到具体行动上，就只会停留在想法的层面，提不出建设性的意见。

若仅仅从旁观者的立场发表意见，没有从"内容、时间、做法"等方面考虑具体细节的话，就跟评论员一般，停留在认为总理大臣的判断对或不对的层面。

找到行之有效的行动方案

在哈佛商学院的两年里，反复参与的案例演练让我受益匪浅。

留学的两年里，每周都会有 13 次案例演练，平均每天要讨论 2.5 次案例。每天我会变成 2.5 种身份，或社长或小组领队，通过角色模拟来体验管理决策的过程。

通过这个过程，我也养成了时常思考"换作是我，我会这么做，因为……"的习惯，以表达自己的解决方案。

这样的方法应用到日常生活中也是一种很好的训练。

我从哈佛商学院毕业之后，也一直在平日里继续实践这种自问的练习。

如果我成了公司的社长，如果我成了国家的领导人，如果我将代替领导在明天的说明会给出提案……像这样以身份转换的方式可以提出清晰的问题，并发掘出带有主人翁意识的行之有效的具体方案。我经常这样锻炼自己。

日常生活里，有不少没有正确答案的事情。

当你开始重视主人翁意识时，养成凡事多问自己"换作是我，会怎么做"的习惯，会对你非常有帮助。

在询问别人的意见之前，或在网络上搜索答案之前，首先问问自己的想法和答案，再逐步丰富自己的主张。

在你成为集团负责人、公司代表时，这些经历便会成为支撑你应变能力的坚实基础。

领导力是靠率先行动培养出来的能力。

找到自己独特的解决方案，才能形成日后行动的基础，这也是培养领导力的第二步。

17. 分 5 个步骤思考没有正确答案的问题

前一节讨论了设置"没有正确答案的问题"时，"换作是我，会怎么做？"这一问题的作用。

在这一节将介绍具体的步骤，以引导出个人独特的见解。总共分为 5 步。

步骤 1：问自己"换作是我，会怎么做？"来确定问题

尽量尝试写出"问题"。此时，反问自己"换作是我，会怎么做？"不失为一种有效的方法。

步骤 2：针对确定的问题，说出自己的看法

针对问题，尝试发表自己的见解。就算没有十足的把握和依据，也没有关系。先断言"我会这么做"。

步骤 3：寻找支撑自己答案的依据

围绕自己断定的结论，尝试找出可以支撑的依据。每个人在发表见解时多少都会有一定的依据，此时需要把这些依据更清晰地整理出来。

步骤 4：适当调整见解的内容

你寻找依据的过程，也是提升对当初见解的信心的过程。不过，也有凭借依据推翻见解的情况。此时，你需要果断回到步骤 2 中，重新修改自己的答案。

步骤 5：再一次整理自己的问题、答案、依据，然后明确自己的最终见解

结合步骤 1~4，按照"换作是我，针对○○问题，我会选择△△的做法。理由主要有 3 点。一是○○，二是△△，三是××"的思路进行最终整理。

如果你是社长，会在入职仪式上讲什么

我们以具体的情景为例。

假设明天公司将召开新员工的入职仪式，此时，问问自己"换作是我，会怎么做？"。

首先，这种情况下，步骤 1 就是问自己"假如我是社长，在明天的入职仪式上我应该对新入职的员工讲些什么？"。

假如我只是人事部下面的新员工，由于主人翁意识的不足，不会想要主动思考什么。但若此时把自己假设为社

长呢？

假如自己是当事人，在第二天就需要有所准备。这样就会看到眼下存在的待解决问题。

其次，如果我是社长，会考虑到 3 点内容。一是公司的愿景，二是公司面临的问题，三是我对新员工的期待。具体而言，我们的愿景就是成为世界第一的通信集团，而我们的问题就是如何推进公司的国际化。最后对于新员工的期待，就是希望他们都具有国际化的挑战精神。到这里就完成步骤 2 的要点了。

步骤 3 是解释为什么希望介绍这 3 点内容。究其原因，入职仪式是所有新入职员工集聚一堂的难得时刻，在入职第一天就传达公司的统一目标，对提高个人的眼界有很好的作用。

而作为步骤 4，就是将步骤 3 的理由整理成通俗易懂的内容，有时还需要进行部分修改。

步骤 5 则是再次确认结论和依据的逻辑关系。

多次整理之后，呈现出的是以下的最终稿。

"如果我作为社长，在明天的入职仪式上，会有3点内容希望传达给所有的新同事。一是公司的愿景，二是公司面临的问题，三是公司对新员工的期待。选择这几点的理由主要有3个。一是在入职第一天统一员工的共同目标，会提升整个组织的凝聚力；二是公司的目标是世界第一，所以社长需要带头表达强烈的意愿；三是为了实现公司的愿景并解决所有的问题，每一个员工都需要提高面对全球化竞争的意识。这些就是我作为社长希望重点说明的3点内容。"

如何将假说付诸行动

这一点的关键在于，面对设定的问题清楚说出首先应采取的行动，然后再尝试明确描述理由和依据。

在明确了结论和依据之后，再着手搜集可以支撑该依据的数据和信息。

如果缺少支撑信息，那么依据就仅仅是假说。即使如此，也要在假说的基础上说出行动方针，明确依据。

在麦肯锡，大家经常提及"假说"一词。

先建立自己的推论，才能明确下一步如何进行调查，需要搜集什么样的数据。

这并非笼统的感官推论，在麦肯锡看来，这是在基于事实与逻辑的前提下，为协助其做出准确的经营决策而必需的辅助手段。因此，结论的依据一定要基于事实，这是麦肯锡做事的根本原则。

在公司内部，我们将根据事实给出提案的行为称为"factor base"。然而，为基于事实给出提案而直接搜集所有数据的话，又会变得本末倒置。

假说思考是指明确了引导行动的结论之后，搜集支撑结论的必要事实，并以此作为结论的支撑依据的一种方法。

由此一来，不必做无谓的研究和信息搜集就能明确行动。

首先通过问自己"换作是我，会怎么做？"来找到问题，然后推断出自己的结论。

接下来，围绕这个结论搜集相关的支撑信息。养成这样的思维习惯，时常思考没有正确答案的问题，就有可能逐渐丰富自己的思维主张，从而在培养领导力的路上向前迈进一步。

18. 以学以致用为前提，用 3 倍的时间思考读过的内容

所谓"用 3 倍的时间思考读过的内容"，是指读过之后再用 3 倍的时间去吸收读到的内容。这个方法对思考没有正确答案的问题及发挥自己的领导力非常有用。本节会具体探讨如何实践"用 3 倍的时间思考读过的内容"。

每个人读书的目的不尽相同。在这里，我将读书目的定义为利用读书培养自主思考与行动的习惯，从而培养出领导力。

如果仔细看"读书"二字，其字面意思就是"阅读书籍"。这里面没有"思考"的含义，所以也不会想到要花 3 倍的时间进行思考。

我们来想一下，为什么很难实践花 3 倍的时间进行思考这件事。理由归纳起来有两点。

理由 1：花 3 倍的时间思考本身需要体力

即便是读完一本书，也需要不少力气，更别说要花 3 倍的时间去思考。这样一来，读一本书总共要付出 4 倍的

时间。对平日繁忙的商务人士而言，为一本书花去 4 倍的时间着实不易。

理由 2：思考过程不明确

"用 3 倍的时间思考读过的内容"中的"思考"究竟是什么？要花 3 倍的时间思考，其具体方针也不尽明确，所以才难以实践。

用 3 倍的时间思考读过的内容的 3 个步骤

在此我想探讨一下用 3 倍时间思考读过的内容的具体方法。

以拙作《麦肯锡精英的 48 个工作习惯》为例，我将介绍完成 3 倍时间思考的 3 个步骤。

（1）自己对每个项目逐项打分

在上一本书里，我罗列了 48 项工作的基本要素。针对这 48 项基本内容，以 100 分为满分，从客观角度进行自我评价，你会给自己打多少分？

虽然每个人都懂什么是"基本",但这跟实践还是有区别的。这其中不仅懂得,并且能够实践的项目又占多少呢?在这里,我们将能够达到 80 分以上的项目视为有能力实践的项目。

反过来,那些已经知道却没能实践的项目又占多少?这些项目为何没能实践到底、今后需要如何努力执行?如果自己能够主动思考这些问题和对策,也会很有效。

(2)根据自己的风格增减项目数量

接下来的步骤,是当你向自己的后辈或者下属传达工作的基本要素时,除了这 48 项内容,你想要增加其他项目吗?或是想要减少哪些项目?

当然,不必局限在这 48 个项目中,40 个或 50 个,甚至精简到 10 个最重要的项目也可以。

(3)考虑好传达内容时的沟通技巧

当你整理出确定好的 40 或 50 个基本内容后,在让后辈或下属实践之前,请考虑一下你想采用怎样的沟通方式。

因为我们探讨的都是基本的东西,也许你的后辈或下属已经有所了解。此时,最好能够结合自己或其他同事的实际成功经验、失败经验等，指导他们落实到行动上。

读书的目的是学以致用

上面提及的 3 个步骤中，有一个共通之处。

那就是每个步骤都包含自问的环节。

"我自己会打几分呢？"

"我会把什么视为工作的基本？"

"如果是我的话，要如何分享给其他人？"

在确定工作的基本清单时，写到笔记本上是一种挺好的方法。当做好基本清单之后，它就成了用来回顾自身工作的工具。

而"用 3 倍的时间思考读过的内容"的目的，不仅仅是吸收书中的信息，更是要学会在实践中运用学到的知识。

一旦你意识到"转化"这件事，你的读书质量就会有质的飞跃。

因为从被动看书变为将每段文字转化为自己的经验时，

你所吸收的内容的质量会有很大的提升。

所以，在实践"用3倍的时间思考读过的内容"时，一定不要忘记多对自己提问，思考自己会怎么做。

19. 做一名随时都能把握方向的追随者

2004 年 7 月，时任伊利诺伊州州议员的奥巴马全力投入到民主党总统候选人同时也是上议院议员约翰·凯利的支持演讲中。

而 4 年后的 2008 年，为当时的美国总统候选人奥巴马进行支持演讲的是卡罗琳·肯尼迪，这也获得了肯尼迪家族的支持，美国首位黑人总统得以诞生。

无论是 2004 年的奥巴马，还是 2008 年的肯尼迪，两位都是当时极具领导才能的人物。他们为何会选择支持凯利和奥巴马竞选总统呢？想必自然与利用支持活动维护自身利益有关。

不过，也不仅仅是这个目的。在我看来，考虑到民主党的利益以及美国的国家利益，必然要选择最符合当时国情的领导人。

正因为自己拥有极佳的领导才能，才会考虑到整个集体的利益，选出并支持最适合的领导人。换句话说，就是发挥领导力全力追随候选人，或许这听起来有些矛盾。

优秀的领导为什么会成为优秀的追随者

一说起哈佛商学院的学生，总会想起那些踊跃跑到前面举手的形象。事实上，我不否认有很多这样有魄力的学生存在。但不可思议的是，一遇上集体活动，他们就会发挥出强烈的凝聚力与团队合作精神。

在每个人的领导经验都很丰富而且领导意识特别强的集体中，一旦确定了领队人物，所有人都会全力追随。也可以说，领导意识强的人也会成为很好的追随者，而且这里的追随者不是指对团队的方向和成果毫不关心的人。

在决定方针之前，每个人都会抱持主人翁的意识加入讨论。一旦方针明确后，大家都会追随领队的决策，团结一致向前进。假如最终的结果不尽如人意，大家也不会责怪领队，而是所有人一起想办法，齐心协力做出改善。

如此一来，我们是不是应该说优秀的领导会成为优秀的追随者呢？究其原因，他们每时每刻都会从领队的立场出发考虑问题。

那些没有领导力的追随者，往往会在自己与领导之间画上一条分界线。

这样的人更容易批判自己的领导，或者保持事不关己的态度。

反过来，领导意识强的追随者，随时都做好了自己成为组织中的领队的心理准备。

当你坐在汽车副驾驶座时，如果时常想着自己开车会如何做，那么一旦机会来临，你就能够坐上驾驶座。然而，如果你只是以助手的身份坐在副驾驶座上，则不代表你有能力坐到驾驶座上。

关键在于你正式处于领导职位之前，能够自主思考并行动，等到可以正式成为领导时，就能充满自信地发挥领导职能。若是其他人先成了领导，你也可以成为优秀的追随者，协助领导做事。

正是因为这些人才的存在，整个团队成果才能实现最大化。

第三章 总结

★团队里，会自己主动出击的"领导"越多越好。

★学会积累每一次小小的领导经验。

★凡事多问自己"换作是我，会怎么做？"。

★发表意见时，多考虑具体的行动策略。

★先设立假说，再搜集事实依据来完善自己的见解。

★读书时要将内容与自身相联系并反复琢磨。

★优秀的追随者随时都能成为优秀的领导者。

最重视团队的成果

20. 将"个体"的力量运用到团队协作中

在我的棒球生涯中，没有哪个打席曾带给我恐惧感。

——铃木一郎

对于打入美国职业棒球大联盟的选手铃木一郎，相信没有人会质疑其作为顶级球员的实力。

曾有两场球赛让我深感铃木一郎绝对是兼具领导力与团队合作力的一流球员。

第一次是在世界棒球经典赛（WBC）上看到他活跃的身姿时。平时个人成绩十分突出的铃木一郎加入日本代表队后，其作为"个体"的实力对团队成果的贡献非常明显。

本节开头的那句话，是 2009 年铃木一郎在第 2 届 WBC 上发表的感言。当时日本队与韩国队决战，在延长了 10 个回合后日本队终于拿到了领先赛点。

因为正好是团队最不振时迎来的决胜战，压力之大可想而知。

在美国职业棒球大联盟的历史上留下名字的铃木一郎，

在个人成绩上没有任何遗憾。

想必如此优秀的选手在团队中一定肩负着前所未有的压力。我从最后那场决战的身影里看到了强大的领导力与团队协作精神，因此备受感动。

第二次则是在 2012 年，他从西雅图水手队转会至纽约洋基队的时候。

在西雅图水手队时，铃木一郎在个人成绩上很努力，尽管这份努力最终没能为团队带来太大的成果。

不过，当转会到常胜军团的纽约洋基队后，"个体"的力量总算为团队带来了成果。转会之后，我能深深感受到铃木一郎为了给团队贡献力量，明显做出了最大限度的努力。

虽然在西雅图水手队时，他一直都作为固定的第一击球手出场，但在纽约洋基队时却不再有位置限制，他会利用好每一次出场机会，尽可能为团队做出最大贡献。

因此，在西雅图水手队时，有些观众看到的可能是一个不太重视团队成绩的铃木一郎。

其实，他是能够利用"个体"与"团队"优势的领袖人才。

为何高盛能够持续在业界保持领先地位

在高盛进行入职面试的时候，我曾问过这样的问题：

"高盛为什么能走在世界金融行业的前沿？它与其他国际性金融机构有什么区别？"

对于这个问题，当时的面试官，也是我后来的前辈们给了我同样的答案。

"美国的金融机构大多注重个人的成果与能力，然而高盛更加追求善于团队协作的人才，公司里到处都是这样的人才。"

领导力是招聘时最看重的一点。

在缺乏个人能力就会被辞退的投资银行业内，聚集的几乎都是个体意识非常强的人才。

尽管这样的候选人确实有个人优势，但我们最看重的仍是能否为团队带来成果。

高盛重视团队合作的两个理由

在高盛的领导、前辈、同事中，很多人都具有强烈的领导气质。他们不仅能非常明确地发表自己的见解，还会自发地迅速行动起来。

在他们行动之后，你会看到团队或组织取得的一定成果。

一味追求个人成绩的话，不会获得很高的评价。那么，为什么有这么多人这样想呢？

我认为主要有两个原因。

一是在面试的时候，大家倾向于选择那些具有领导力又能够进行团队合作的人才。因为他们能够自主思考并主动出击。同时，自发行动的方向也很重要。

如果主动出击只是为了个人利益，不一定会为团队带来贡献。要为团队贡献成果，就需要有人能主动出击，带动团队成员行动。

第二点是，一旦招收到兼具领导力与团队合作力的人才，就会形成更加重视领导力与团队合作的团队文化，这就像鸡与蛋的关系一样。

团队文化不是短期内能够形成的。

重视团队合作的人会受到队友的好评。

因此队员也会注重团队成果。

在这些队友的影响下，其他队员也会从重视团队成果的角度进行思考并行动。

形成这样的良性循环之后，就会慢慢产生个体与团队共生的文化环境。

那么，应该在什么情况下发挥领导力？

我觉得领导力不是针对某一个人，而是在多人的前提下才会变得重要的能力。

有多人存在，才有可能形成团队。为了让团队成果最大化，就需要团队中的每一位成员发挥自己的领导力。

从这个意义上讲，领导力与团队合作是共生关系。

反之，那些实力突出、独自高调地往前冲的人，虽然也具有领导力中重要的一部分，但作为领队来说，他们难免显得不够成熟。

唯有将"个体"的力量贡献到"团队"，为整个团队发挥个人的实力，才能成为拥有领导力的人。

21.“共同分享”胜过“有给有拿”

我在麦肯锡公司时，曾参与一个为客户企业制定战略方案的项目，在调查特定行业时遭遇了瓶颈。当了解到该行业的专家顾问正好在法兰克福办公室时，我便立刻联系到她，并安排了两天之后的电话会议。

她不得不调整自己忙碌的行程安排，并在机场转机时立刻接了我的电话。在不涉及保密范围的前提下，她在短时间内把自己了解的全部知识与我分享。

她非常爽快地将自己的经验、知识和盘托出，毫无保留。这样的案例在麦肯锡是常有之事。

再举一个我在高盛时期的例子。我当时负责的项目是在日本还没有太多先例的资金筹措项目，为了详细了解值得参考的案例，我直接联系了伦敦办事处的专业银行家，半天之后，他也在不涉及保密范围的情况下，分享了自己知道的经验。

他不仅很快参加了有时差的电话会议，还挤出短期行程到东京办公室协助我。这样的场景在高盛十分常见。

分享是"利团队主义"

我们经常会听到"有给有拿"这个词。给（give）和拿（take）是一种相互交换的思维。

而在高盛与麦肯锡的团队合作中，不能完全用"有给有拿"解释这种精神。

事实上，我觉得有一种更贴切的说法，那就是"共同分享"。

因为"给"与"拿"的说法已经在给予方和接受方之间画上了明确的分界线，并且可以在事物、信息、金钱等的流向上标记箭头符号。当你把箭头指向对方，自然会产生希望对方下次能把箭头对准你的想法。

给予的意识，容易让人对回报产生期待。能够做到一直给予的人是利他主义者，而一直都在获取的人是利己主义者。

"共同分享"的思维中是没有箭头符号的。每个人都能为团队积极提供自己拥有的事物、信息，以此让团队认可自己的价值。

通过帮助队友，能够提升个人价值，这是很难得的事情。而且，分享后你还会收到对方的感谢，这不是一举两得吗？

"共同分享"的思维既不是利他主义，也不是利己主义，而是"利团队主义"。这种思维方式的根本，既不在于你（you），也不在于我（I），而在于我们（we）。

"为己 = 为人"的意识

我们再来整理一下"共同分享"的根本驱动力，具体有两点：

（1）通过对团队的贡献，体现自我存在价值的自我实现意识；

（2）通过对团队的贡献，希望帮助到别人的利他主义意识。

具体而言，（1）是为了自己，（2）是为了他人。如果你意识到团队的成果即为自己的成果，那么"共同分享"

就不仅是为了别人，也是为了自己。

"为了别人"是一种理想的想法，但是在职场中贯彻起来却不容易。不过当你明白为了自己就是为了他人的话，就不会迟疑，而是全力提供自己拥有的知识和信息，从而实现分享。

正如"不进则退"（up or out）的字面含义，升职的竞争非常激烈，无论是在个人成果直接关系到人事评价的高盛，还是在让人处于高压工作环境的麦肯锡，仅凭"个人"的能力无法走得更远。因为"个体"与"团队"的方向是永远保持一致的。这里的同事不太持有"有给有拿"的意识，更多的是贯彻"共同分享"的思维方式。

专业人士会对队友保持宽容

那么，应该如何贯彻"共同分享"的意识？

这并不困难。只要你拥有"为了别人""帮助朋友"这样利他主义的想法即可。而且，为了实现团队的成果，要反复问自己怎样做出贡献。

经过这样的自问，你会很自然地产生将你能够做的事情、所知的一切或是自己的过往经验分享给团队的愿望。这也会令人产生通过分享自己的智慧与能力，来展示自己的存在价值的想法。

这种自己主动为团队带来成果的意识，不仅会强化个人的领导能力、提升个人在团队中的价值，而且还会获得队友们真诚的感谢。

为什么高盛和麦肯锡的专业人士都能对自己的队友保持宽容呢？

究其根本，不仅是利他主义，也是自我价值的实现。也许这正是"共同分享"的驱动力。

22. 从"了解自身"开始为团队创造贡献

为了让团队实现最大成果，我们要主动思考、主动出击。

这是一种领导者意识。

不断将自己的经验、知识、技能积极分享给队友。

从"有给有拿"转变成"共同分享"的思维。

到此，你已经具备了将团队成果最大化的意识，接下来要怎样落实到行动上呢？

当你开始思考并想要行动的时候，应该往哪个方向、如何行动呢？

在向团队分享自己的经验与知识的时候，应该着重分享哪些部分？

一个具备责任感又有贡献意识的人，应该从何处着手比较好？

板凳球员和替补球员的作用是什么

　　每到足球世界杯的赛季，很多人都会为自己国家的代表队拼命呐喊助威。

　　没能上场的我们究竟能做些什么？唯有站在身后努力应援，为他们加油。这也是替补球员可以做的事情之一。

　　那么，站在球场上的球员又该怎么想呢？

　　如果我是出场选手的话，我会相信自己的实力，同时相信队友的实力，然后全力以赴。

　　我会分析自己的强项和弱项，思考自己能在哪个位置为团队做出贡献。如果团队内有多个人在竞争这个位置，那么通过竞争本身就会提升团队整体的能力。不过，如果每个人都为同一位置争执，就无法成为团队了。因为这会造成团队里有空缺位，从而影响参赛。

　　到底应该选择什么位置，才能把握住每次出场的机会，为团队创造贡献，并通过实际参赛积累经验、一步步提升自己呢？

　　在一开始应该多花时间考虑这个问题，才有可能引导出长期性的良好结果。

想一想我能做什么贡献

其实商务人士的世界不就像运动员的世界一样吗？

对于公司、部门、眼前的项目，我可以贡献多少力量呢？

就算很想为团队做出贡献，如果贡献的方式不够恰当，反而会影响实力的发挥。

我所属的公司、部门、眼前的项目为何需要我？我应该如何发挥应有的实力？这都是非常重要的思考角度。

公司领导或人事部门会通过评估每一位员工，来决定日后的岗位轮换，员工也会通过轮岗不断积累职场经验。

即使你处于发挥空间不足的岗位，也不能完全任由公司人事部门决定你的职业生涯，否则不但难以为公司做出贡献，自身也很难得到成长。

这是因为，领导和人事部门往往很难做到正确把握每位员工的优势和劣势，并以此合理安排最适合员工的岗位。

充分了解自己，找到想做的事情，为公司创造价值，拥有这样的意识很重要。

因此，首先要做的事情就是了解你自己。

其实你没有你想象中那么了解自己。

有时候朋友的三言两语就会让你惊讶，发现原来自己是这样的形象。即使不是全部，有时别人的评价也能一语击中你的性格弱点。

当然，不能期望一下就看透自己。

但至少要努力了解自己，这很重要。

先跨出了解自己的第一步。

这也是为团队创造价值的第一步。多花些时间与精力，努力了解自己吧。

23．更新自我履历

了解自己的有效方法是回顾过去和设置目标。

本书第一章介绍了如何回顾过往，在第五章将具体讨论目标的设置。

而对回顾过往、设置目标非常有效的方法，是活用前面提到的"个人笔记本"。

认真回顾过去可以帮你找到自己的优势和劣势，并促使你在此基础上思考今后应该往哪个方向发展。

通过回顾和展望，就能发现自己能够做出贡献的部分，以及自己的立足之处。

那么，应该如何具体规划自己的职业生涯？

假如你考虑跳槽，就需要准备工作履历。如果看不清工作履历中以往经历与未来职业规划之间的联系，恐怕不太容易跳槽。

结果因为太迷茫，有不少人选择了与自己的目标完全不同的行业，进入了自己并不想去的公司。

不论你是否打算跳槽，对商务人士而言，都需要了解自己在职场中的优缺点，并明确职业目标。

一个有用的方法就是定期更新你的"自我履历"。

用自我履历发现自己的优势和劣势

虽说是自我履历，但也不用像找工作一样把很多项目详细罗列出来。

打开你的笔记本，分入职动机与目的、中期目标、现在能够做的事 3 点进行归纳。

然后，考虑今后在公司你想做什么工作？积累哪些经验？为此需要具备哪些技能？还有哪些不足？等等。弄清这些问题会帮你发现离实现日后的目标还有多少差距。

自我履历 1：目标管理

入职时间　年　月　日

· 入职动机与目的

· 中期内自己想做的事情

· 现在自己能做的事情

· 今后希望在公司积累哪些经验？

· 今后希望掌握哪种技能？

接下来就是逐一准备材料，用于向相关部门的领导或人事部门进行自我推荐。至于具体如何向他们介绍你的履历，在此暂不深入讨论。如果无论如何都想尝试这份工作，不排除会遇到需要当天谈判的情况。

首先你最想做的工作是什么？现在你通过做什么工作为团队带来贡献？为了胜任你期望的工作岗位，还要克服哪些不足？明确这些问题的答案对你非常有价值。

在麦肯锡，不会经常自动指派公司的项目。但是，为了保持公司内机会均等且避免部分员工过度劳累，也不会让每位员工长期处于边缘状态。

那些有实力的顾问、专业能力强的专家、有可塑性的年轻后辈都是各个项目争相追逐的对象。

而另一边，那些能力不够突出或者工作意愿不明朗的员工，总会在项目分配时落于人后。

实际上，在每个新项目启动之初，项目负责人早已开始联系希望合作的顾问，了解他们的参与意愿。

反过来，如果遇上自己今后想要尝试的项目，很多人都会主动接近项目负责人，表达自己想要参与的意愿，并展示自己能够带来的贡献以争取机会。

换句话说，项目成员通常是在项目即将成立之前确定下来的，而核心成员则是在这之前就已有定案。

从项目负责人的立场来考虑就可以理解了，毕竟没有召集到成员的话，项目就无法启动。

项目负责人选择谁作为团队成员、如何安排成员分工，这些都应该在最早的阶段确认完成。

这不仅限于高盛和麦肯锡，在每个公司、组织、团队都是一样的。

领导和人事部门不可能完全了解你的实力

优秀的人才可以创造杰出的成绩，而如何挑选合适的成员是最重要的一步。组建一个团队，应该从最能创造贡献的核心成员开始一一选拔。

远离业务一线的人事部门不太可能正确把握每位员工的优势和劣势。即使是部门负责人，也很难了解每位成员的适应性、能力情况。

因此，自己要先了解自己，明确自己能够在哪些地方做出贡献。

根据所属的组织、部门，有时候可能会成功调岗，有时候可能不行。

并且，在自我推荐时，拿出在现有岗位中取得的成果才具有说服力。

不管怎么说，先想明白你能为现在的公司创造怎样的价值，这对你今后的发展非常有用。

自我履历 2：提出假说

┌───┐
入职后负责的工作（从现在的职位倒推）
└───┘

时期	项目 / 职位	内容	掌握的技能

┌───┐
之前负责的工作
└───┘

时期	项目 / 职位	内容	掌握的技能

┌───┐
能为团队带来贡献的个人优势
（不仅仅是列出长处，还需要意识到如何贡献）
└───┘

1
2
3

┌───┐
给自己拉票时的要点
└───┘

1
2
3

24. 潜心于目前的工作和组织

本书中，我多次对高盛、麦肯锡、哈佛商学院表达了认可。

这本书就是以我在这些公司、学校的所学为内容的，在此我想分享肯定它们的两个理由。

理由之一，是我一直有意识地正面看待我所属的公司和学校。

如果能够积极看待自己所属的公司、学校，就能从中学到东西。尽管很少有公司、学校会让人表示 100% 的认同，但是根据你是以正面还是负面的眼光来对待，你学到的东西将有很大差别。

对组织感到自豪很重要

理由之二，是我能每时每刻把自己投入公司、组织、团队、学校当中。

高盛和麦肯锡都是非常重视员工培训的企业。尤其注重国际性的团结、保持责任目标的明确，并始终要求员工带着自豪感工作。

为此，公司会利用各种场合和机会制造氛围，让你随时随地自问：在这里自己有多重要？为这个世界提供了多大的价值？经过在这里的历练，如今自己具备多大价值？

换句话说，就是让你养成对自己、对组织的自尊心。

如此一来，每一位员工都会对自己从事的工作充满自信，拼命努力地工作，最终引导出好的成果和优秀的自己。

一旦有了成果，公司外部对你的评价也会提升，工作机会也会接踵而来。

如果能够取得良好的成果，又会再次提升自豪感，促使自己不断努力，形成一种良性循环。

实际上，高盛和麦肯锡的员工确实对自己的公司非常有自信。哈佛商学院的同学也同样非常认可自己的学校。

虽然我们不能否认因为它们拥有业界第一的成绩、教育机构中顶级的口碑，所以大家才会如此自信，但是仅靠这些，是不足以支撑充满自信的优良团队的。

每个人在进入公司、学校时，首先还是要潜下心来认真体验，相信自己的组织，这点十分重要。

在批评组织之前，先做自己能做的事情

既然选择加入一个组织，如果批判团队，就是在批判你自己。当你在跟朋友、亲人吐槽自己的公司时，对方也许也会这么想——

"我能体会你的不容易……但是当初为何要选择这家公司呢？"

比起批判自己的公司或组织，还是先沉下心来做事比较好。

如：和公司内部的同事深入合作；尽可能地从同事、前辈、领导身上多学习。

长此以往，说不定组织也会发生变化。因为自己积极向上，或许周围也会发生一定的变化。

一旦有这种正面的思考与努力的行动，最终肯定会促成你个人的成长。

一开始就沉下心来认真做事的态度比什么都重要。

根据你是从积极还是消极的视角看待眼前的环境，最终你的心态也会有相应变化。

当你真的潜心于工作时，往往会有意料之外的收获，或者意料之外的相遇、关联。

所以，请通过一段时间的努力，尝试在目前的组织或环境里认真踏实地做事，尽可能吸收更多新东西。这是一种很有效的方法。

25."5分钟工作法则"的3个步骤

利用5分钟时间弄清楚分配给自己的工作，能够在很大程度上提高工作效率。本节将针对5分钟工作法则，讨论具体的实践方法。

无论是上级安排下属、客户联系商户还是潜在客户联系销售人员，其中存在各种各样的委托关系。虽然委托性质有所不同，但都是接近团队内部工作分配的关系。为了让团队成果最大化，也为了委托的工作能够取得成果，我想对此着重探讨一下。

接收工作指派时，需要明确3点内容。

（1）截止日；

（2）目的；

（3）对产出目标的共识。

对产出目标达成共识的重要性

我们应该不必再深究明确截止日和目的的重要性了。

不明确截止日，就不清楚需要何时提交，不明确工作目的，就无法定义该做什么，从而难以取得成果。

那么，第3点"对产出目标的共识"是什么意思？

如果截止日和目的都明确了，理论上只要任其发挥就可以取得成果。

然而，更多情况下，委托方在明确截止日与目的时，不一定能够预估出需要多少时间和精力，或者为了达成这个目的需要怎样的产出，有时甚至会设定一些偏离实际的目标。

如果仅仅明确截止日与目的，可能在着手工作后才发现，原先预估的一周时间完全不够用。

可能还会遇上另一种情况，虽然时间上没有限制，但是缺乏完成这项任务所需的技能或资源。

甚至还有一种情形，由于项目整体的日程紧迫，为了早做准备，项目负责人会把部分工作委托给无关的我们。

这时，提前达成对产出目标的共识就会起到作用。

"我是不是只要用○○这种数据进行分析，来验证××这个假说是否合理就可以了？"单是像这样简单地进行确认，就能及时了解工作截止日、所需的技能与资源以及与自己的理解是否有出入。

而且，双方当场对产出目标的理解达成一致的话，就能及时把握委托方的期待值。

尽早完成对期待值的设定也很重要。

利用 5 分钟确认的要点

接下来，我们分析一下 5 分钟法则的具体步骤。

在接到工作指示后，回到自己的工位按以下 3 个步骤执行。

（1）再次确认截止日、目的、产出目标

此时，将会议中没能记下的细节整理出来，再仔细明确工作目的。针对标题中的 3 点内容，如有不明白之处，应立刻与委托者当面或电话确认。

（2）建立业务进度日程表

根据截止日倒着推算每个时间段需要完成哪些工作，

逐步细化任务。同时也要考虑到突发事件会带来一定风险，提前 1 天设置截止日并进行规划比较好。

计划中最好能根据委托方的行程，安排出中途进度汇报、提问与解答的环节，并在自己的行程本上预留出相应的时间段。

（3）正式着手工作

一开始，最好从最花时间的部分开始着手。

比如，约见外部协助人员，委托公司内部或朋友搜集资料。如果临到截止日之前再去落实这些工作，恐怕已来不及完成了。

安排工作计划的要点

在制订工作计划时，要留意以下两点内容。

（1）从一开始就确定好中途汇报的时间节点

把工作汇报压到最后再进行极具风险。

工作的委托方了解到进度情况才能安心。若发现进展方向有所偏离，还能在中途汇报之后及时修正。

中途汇报的必要性是结合双方的日程来看的，大部分时候都难以预留出时间。如果从一开始进展就很顺利，也可以取消这个环节。

但是，当工作进行一段时间之后，设置中途汇报和答疑环节未必不是一个英明的选择。

（2）将工作时间视为"为自己预约的行程"，严格管理时间

如果你打算在明天下午的空闲时间处理这份工作，随意安排日程进度，那么很多时候会无法确保工作时间充足。

此时，一个很好的办法是，将自己的工作时间安排视为与"另一个自己"预约日程，进行严格的时间预约管理。

确认截止日、目的、产出目标的共识之后，建立业务进度日程表，然后再着手工作。只要落实了这3点，哪怕工作中途需要应对其他工作，也能够高效地处理。

利用5分钟工作法则，可以在自己脑中形成一根天线，即使在做其他工作，也能时时提醒你。无论多么繁忙都能沉着应对多项工作，从而提高整体的工作质量。

请你尝试按照这3个步骤，实践5分钟工作法则。

第四章 总结

★重要的是从团队的立场着手行动。

★分享自己的智慧与体力，体现自己的存在价值。

★先了解自己，才能明白能做什么贡献。

★不断更新自我履历中的优势与劣势。

★对自己所处的组织、负责的工作保持自豪。

★接受工作安排时，要当场确认自己的理解是否正确。

丰富你的目标

26．花时间斟酌你的核心目标

在申请以哈佛商学院为首的欧美商业院校时，除了大学成绩单和推荐信之外，还需要进行个人陈述。

个人陈述主要包括两大部分，即"过去的成绩"和"将来的目标"。

用两年的时光寻找人生目标

虽然在入学之前已经花了不少时间思考自己将来的目标，但当进入哈佛商学院之后，大家仍然会在学习生活中寻觅今后的人生目标。

与其强调是花时间，不如说在哈佛商学院的两年时间正是用来寻找毕业后的人生目标的。

因为设置目标本来就是从自己内心深处找到某种东西的过程，也可以说是一种产出物。要取得产出成果，就需要不断进行新的输入。

所谓输入，就像获取信息或学习新东西一样，是产出某种东西必需的燃料，但这并不是指把两年的学生时期都花费在搜寻目标上。

大家不仅要出席每天的课程、专注于预习和复习功课，还要花时间与同学交流，并尽可能参加各种课外活动。这些活动最终会成为一种输入，帮助学生提高目标设置这一产出物的质量。

经常听到有人说，人生计划没有意义。的确，精密的计划确实没有太多意义。

也常有人说，人生又不会按计划进行，计划赶不上变化的才叫人生。事实真是这样吗？

哈佛商学院的学生们花时间在做的，并非规划人生轨迹，而是希望**找到毕业后的很长一段人生中，能够指引自己的方向的长期目标、对自己来说重要的东西。**

根据这个目标考虑自己在中长期应该有什么展望，再根据目标与展望考虑毕业后应该制定怎样的职业道路。

人生自然不会按照计划循序渐进，目标本身也会随时发生变化。

接收了新的输入，就有可能改变目标这一产出物。

此时，灵活修正目标即可。

事实上，在入学之前，学校都要求学生明确自己将来的目标，但是在入学后到毕业的两年间，却不吝啬于帮助学生继续设置目标，积极地举办职业论坛等活动，让大家参与毕业典礼演讲。

可以说，哈佛商学院正是把帮助学生找到职业目标这件事，作为学校存在的价值。

与自己的热情对话

重要的是在一段时间中真诚地与自己对话，好好反省过去，问问自己今后到底想要做些什么。

每个目标的制定都有它的理由，你需要做的就是弄清楚背后的缘由。

如果哪天这个缘由发生了变化，目标本身也会发生变化。

目标发生变化时，回头想想当初制定它的理由，你才能明白这个目标为什么会发生变化。

就怕没有制定好明确的目标，却在目标模糊的边缘走走停停。目标不清晰，自然不能保持快速前进。盲目地加速，反而容易迷路。换句话说，就是身在自己应该前进的方向却信心不足。

选择决定命运。

In the end, we are our choices.

亚马逊的开创者，同时也是董事会主席兼 CEO 的杰夫·贝佐斯，在母校普林斯顿大学的演讲中，曾引用哲学家萨特的这句名言。

这句话的意思是，当你回顾过去时，才会发现每次主动选择的道路即是你走过的人生。这不是所有结果的简单合计，而是由你每次主动的抉择不断累积而成的总和。要进行选择，少不了具备长期的愿景。

贝佐斯辞职之后创立了亚马逊，进行过仔细的自问自答，思考自己到底想要做什么，最终选择跟从自己的内心。

辞职并非目的，如果当时他的内心想法是留下来继续创造价值，那么他也会做出那样的选择吧。

他应该清楚，唯有创立亚马逊，才是自己内心真正的追求，因此才能在之后的各种困难中坚定不移地走下去。

首先请好好问自己，与自己对话，看清楚自己的长期目标在哪里。

即便之后目标发生了变化，也没关系。

重要的是在一开始确定自己的目标。

并且，要明确这个目标的根据是什么，只能通过与自己对话发现。

弄清楚了目标，就能对自己要走的方向保持 100% 的信心。

唯有充满自信地走向目的地，才能在日常工作中彻底实践基本功。

27. 优先投资有助于自我成长的部分

商务人士的时间都十分有限。时间是一种很宝贵的资源。

在对人际关系进行投资时，有哪些需要注意的地方呢？

具体而言，应该优先投资哪种人际关系？

"投资"听起来是个不错的词语。

但是，若以"为将来投资"的名义没头没脑地付出时间与金钱，投资毫无成果的项目，任凭哪个公司都不会允许。在对个人的投资上也是同理。

超出利益关系的人际往来固然重要，矛盾的是，我们也要考虑一定的投资回报性。

然而，对于时间有限的商务人士而言，在处理人际关系时理清时间线、投入目的、先后顺序，有助于确保行动的方向。

本节将针对如何判断人际投资的先后顺序展开探讨。

不以拉拢关系为目的的自然相处

不以拉拢关系为目的的相处是我会优先投资的一种人际关系。

这里所指的人际投资并非考虑利益关系之后的撒网，而是双方在某种共同目的之下重视相互之间的关系。

比如职场、学校、俱乐部活动、培训课程、学习会，等等。

在职场中，大家会为了共同目标相互协助努力，在学习会里一起学习、共同提升自己，在运动俱乐部一起锻炼身体，在这种环境下自然而然地加深了相互联系。

在同一背景下相遇的伙伴之间，会有同样的目的、辛苦、成长、遗憾等，自然就会产生相互帮助的意识。

高盛和麦肯锡虽然都注重成果主义，但同时也注重员工的个人成长。

这是因为公司的成长离不开每位员工的成长，如果公司得不到成长，即使拥有优秀的人才，最终也留不住他们。

正是因为汇聚了想要成长的人才，才会存在重视成长的公司文化。在职场里，大家为了同一个目的经历过同样的辛苦、成长、遗憾等，所以才能与同事建立深厚的人际关系。

在以个人成长与集体成果为目的的环境下产生的人际关系，才会促进彼此的发展。

在具有共同进步意识的人才聚集之处，在为了共同目的而努力前行的团队组织里，人际关系才会长存。

原本，"人际关系"指的就是超越利害关系、相互信任的关系本身。

我建议，优先与想要进步的同伴建立良好的人际关系。

28. 坚定不移的关键在于把"信用"视为行动规范

> 我们拥有的资产就是员工、资本和信用。而信用减少，是最难恢复的。
>
> Our assets are our people, capital, and reputation. If any of these is ever diminished, the last is the most difficult to restore.

这是高盛的经营原则中的一段话。

这段话在 20 世纪 70 年代被用文字表达出来后，作为该公司的经营理念传承至今。这句话由当时的共同高级合伙人（相当于现在的联席 CEO），同时也是华尔街有名的投资银行家约翰·温伯格和约翰·怀特黑德提出，他们制定的高盛十四条商业原则也成了日后的行动规范。

在公司内部举行大型集会时，这句话是时常被经营层挂在嘴边的经典理念。

当我第一次听到时，还只是一知半解，没有完全理解。

另一方面，我又对这个理念兴趣盎然，觉得简单却意味深长。

对企业来讲，员工自然是重要的资产。同样地，资本也是非常重要的要素。

信用的重要性也不必多说，不仅仅是企业，对个人来讲，也没有人会否定信用的重要性。

因此，当听到这3项重要资产时，大家不会有任何争议。

最重要的资产即"信用"

那么，如果问公司最重要的资产是什么，你的答案会是什么？

如果是你，你能举出"员工""资本""信用"这3点吗？

其实这3点的范畴都不相同。

"员工"作为具备情感的生物，从公司经营的角度来看，是一种经营资源。

毋庸置疑，员工水平的高低对公司的成长非常重要。可以很自信地讲，员工是最重要的资源之一。

对于资本也是可以认同的。具有资本能力，就能积极促进投资，从而做成大生意。并且，具有资本实力也能降低破产风险。

因此，资本可以为客户带来安全感、为扩大销售打造坚实的基础。尤其对于高盛这样的金融机构，资本自然是重要的要素。

不过，在我的答案当中没能想到的就是第 3 点"信用"。当看到为什么是这个答案，我顿时理解了它为何是最重要的资产。

在此其实有两点深意。

首先，与前两个要素相比，"信用"的范畴明显不同。经常听到的经营资源是人、物品和资金，很少有经营者会将"信用"这样的无形资产与其他资源放到同一个层次看待。

其次，这 3 点要素当中，重要程度最高的就是"信用"。

恢复起来耗时最长的资产

随着业绩的变动，华尔街的员工总是不断进进出出。公司有时会积极招揽员工，不景气时也会迅速流动人才。简而言之，就是裁员。对于华尔街来讲，员工就是招之即来挥之即去的资产。

而对于高盛这样的金融机构，自然具有筹措资本的丰富经验。仅仅靠协助其他公司筹备资金，就能创造出属于自己的资本财富。

然而这 3 种资产当中，唯有信用是在失去之后花更长时间才能补回的。因此只能踏踏实实地积攒信用，这对高盛和其他行业都是同样适用的。

以华尔街的雷曼事件为例，过度的动物精神为整个经济主体带来了恶劣的影响，像这样整个行业都失去信用的情况已经发生过多次。

也许正是因为身处容易失信的行业，才会在经营原则中将信用放在最重要的位置吧。

遵守信用，才能招到优秀的员工，并且筹集到资本。

后两者是短期内就能够筹措的资产，只有信用是失去后难以弥补的资产。

个人也要把信用放在第一位

这一点不论是对个人职业生涯还是个人生活，都可以适用。

谈论对个人而言重要的资产时，可以把员工换成技能，把资本换为财务基础来考虑。

无论是提升个人技能，还是建立财务基础，对个人而言都有很重要的意义。并且，建立个人信用需要很长的时间。

反过来，就失去这些之后的代价而言，信用也是三者中最大的一个。

所以，对个人而言，最重要的资产也应该是信用。

我入职高盛时，没能很好地体会这条经营原则，却又对它很感兴趣；如今重新整理时，我再次感受到了其中的深意。

个人将信用放到第一位，才会让你日常的行为准则清晰明确。

这样一来，也不会一味追逐眼前的短期利益，更容易具备长远考虑的意识。

然后，你就会昂首挺胸，不再像有人盯着你那样缩手缩脚，自然就拥有了责任感，从而加深了自信。

如此，就能够在日积月累中加强一步一个脚印地实践"基本功"的意识。

把信用放在最优先的位置，不久就能看到很多好的事情发生。

我自己也自始至终经常思考如何提高自己和团队的信用，认真对待它。

29. 服饰会暴露地域性特点

自从东日本大地震之后，节约用电的意识受到关注，夏季职场里的轻便着装随处可见。

在日本闷热的夏季，大家在商务场合已不再注重深色服饰，更多会选择贴近自然肤色的商务装。

与推崇身着商务装上班的时代有所不同，如今对允许进入职场的穿着界限越来越模糊，反而不容易做出抉择。

商务便装的"基本"

商务便装(business casual)，英文是由"商务"(business)与"非正式"(casual)组成。放到这里，是希望大家想象一下它们的比重。

我们是否可以按照 1 比 1 的比例来看待"商务"和"非正式"？还是更偏重于某一方？

我认为，"商务"的比重要更多一些。就粗略的感受而言，"商务"大概占 80%，"非正式"占 20%。

这样一来，就可以理所当然地将其理解为在商务场合符合时宜的"非正式"装束。

既不是"非正式"地对待商务，也不是"非正式"的商务，而是"非正式"的商务装束。

毋庸置疑，商务装最重要的就是整洁感。

本节将从商务装的"基本"，即整洁出发，介绍适合商务场合的轻便着装。

说到能让人感觉整洁的商务装，男士基本是上身穿翻领衬衫，下身穿带折痕的棉质西裤。

如果是半袖，也多为有领的 POLO 衫而非 T 恤。

裤子则是休闲裤而非牛仔裤。

鞋子多为平底鞋等轻便皮鞋而非运动鞋。

西装的统一性与便装的地域性

很难明确定义合乎时宜的商务便装。

因为根据行业、地域、季节、公司战略等不同因素，对着装会有不同的选择。

而且，商务便装不像西装那样容易统一，更加能体现个性。

此处的个性主要涉及两点。

第一点是便装的地域性。

正式着装可以理解为无国界的共通标准。

尽管男士商务装在世界各个地方存在宽松或紧身、面料厚度、图案等细节差异，但总体上还是很统一的。

而便装有更明显的地域特点。在夏天的曼哈顿，无论热到什么程度，都不会有人穿短裤。这与早就把短裤、T恤视为日常服饰的硅谷大不相同。

当你到硅谷所处的西海岸海湾地带时，若是穿着东京的流行服饰走在路上，立刻就能感受到自己格格不入。

除了气候之外，以自驾上班为主的北加州和以坐地铁上班为主的东京相比，所穿服饰也有所不同。

因此，商务便装更强调入乡随俗。

硅谷最高端的风投企业里的商务便装风格，便是在该地区的环境中孕育的。

所以，没有必要将其照搬到亚洲的城市。

比如在东京这样的城市，只需要将穿衣风格调整为适合这座城市的风格即可。

乔布斯为何迷恋黑毛衣

第二个要点，就是便装也要充分考虑到对商务的影响。

黑色高领毛衣与褪色蓝牛仔裤已经成为史蒂夫·乔布斯的标志特征。乔布斯拥有好几件相同的黑色毛衣，这已是家喻户晓的事情。

苹果的产品从 iPod、iPhone 到 iPad，既追求简单且精致的设计，又兼具超高的性能。这也源自乔布斯对细节的追求。

这样执着追求美感的人，在选择商务便装时，应该不会仅仅从平时的着装中选中了黑色毛衣吧？

反而是黑色毛衣与蓝色牛仔裤的搭配，某种程度上可以代表苹果的价值观和愿景，所以他才这样执着选择的吧。

20 世纪 70 年代成立的苹果公司，属于当时的企业中极具争议又有着强烈创新、创业者精神的公司。

因此，相对于那些用商务职业装包裹自己的主流企业，黑色毛衣与蓝色牛仔裤具有了象征意义。这并非单纯为了舒适而进行的选择，也包含着想要传达给社会的声音。

商务便装的"基本"是按80%的比例来考虑商务的成分，并把信用视为最优先的要素，注重给人留下干净整洁的印象。另一方面，比起正式的职业装，商务便装更有发挥个性的空间。

这样的个性与地域有关，并配合体现了对待商务的执着精神。

不要因为乔布斯选择了毛衣，所以自己也穿毛衣。我们要学习乔布斯敢于选择毛衣的那种对商业的执着精神。

30.选择体现"信用"的干净小物品

"下周来日本出差,有时间的话要不要叙叙旧?"

某个晚上,正当我处理邮件时,收到了这封海外的邮件。发件人是来自伦敦的哈佛商学院的同学。想必是临近这周才调整了行程。

品位很好的哈佛商学院的英国同学

他出生于英国,在哈佛商学院毕业之后回到英国,进入了金融投资行业。他个子高,样子也帅,是一位品位颇高的同学。我立即回了邮件,约好工作日晚上在他所住酒店的大厅见面。

当天,在酒店的咖啡吧喝过两三杯啤酒之后,我们两人对毕业后的事情越谈越有兴致。

在酒店大厅见到他时,估计他是在会议结束后直接回的酒店,穿着西服但没有系领带,应该是回房间解掉领带后再下来的。在东京再次相遇,他的个子还是如此高大显眼。

简洁的藏青色西装搭配衬衫，西装很朴素却非常合身，从同性的角度看，我也觉得他很有品位，也很帅。

在洗手间的时候，他顺手从口袋里拿出的手帕特别吸引了我的注意。

西服是稳重的色调，而口袋里取出的手帕却是浅蓝色的，而且是熨烫过的手帕。

酒店的洗手间内都有擦手纸。他应该是平时养成的随身携带手帕的习惯，洗手之后就从口袋里取出手帕，擦完手之后再放回去。

其实，我自己也很享受在换季时挑选新手帕的乐趣。更换手帕的原因是想换个崭新的心情。

手帕是消耗品，每天清洗会有种生活感。仅仅用来擦手的话，并不容易损坏。虽然价格不高，也没有必要经常更换。

我也只是一年买一次，每次都会尝试一些艳丽的、富有趣味的花色。

通常，手帕不是给别人看的东西，即使在商务场合，颜色过于耀眼也无大碍。就算是注重整洁却缺乏个性的西服或外套，如果从口袋里取出吸引眼球的手帕，在不知不觉中也会为乏味的风格增添一丝点缀效果。

执着于手帕的两点理由

要是每年都选购一次手帕，经济上应该不会有太大的负担，却会在坚持"基本功"的实践之路上起到辅助作用。

使用手帕会带来不少好处。

第一点不用说，就是不会忘记手帕。尤其在日本，夏天闷热的时候，手帕更是必备之物。职场上，在倍感压力的说明会前、聚餐应酬时，也能用手帕擦擦手心里的汗。

与人初次见面握手时，可以先用手帕将手心的汗擦掉。也可能在海外出差时，遭遇洗手间没有擦手纸的情况，所以最好能在包里或口袋中备好手帕。

第二点理由是，它能帮助你调整生活作息，养成出门前事先准备的习惯。

在晚上将明天要用的手帕放进包中，也能顺便准备好其他物品。有了选择手帕的乐趣，就能在次日早晨做准备时更轻松一些。也是因为把很多事提前做好了，生活会变得更加规律。

利落又能显示品位的手帕是整洁的象征。

不是做给旁人看，而是自己的心思。这种不经意间透露出的品位，往往会给人带来好印象。所以我推荐大家适当购置一些手帕，养成不丢东西的好习惯。

第五章 总结

★与自己心中的热情对话，设定人生目标。

★忽略利益关系，优先与想要成长的人建立联系。

★以"信用"为指南坚定自己的行动方向。

★留意着装会无意识地透露你的信息。

★每年买一次心仪的手帕。

跟"自己"竞争而非他人

31. 探求内心之源

在学生时代，因为西方音乐开始对英语感兴趣的应该大有人在。

我在中学时代就买过迈克尔·杰克逊的专辑，打开歌词表随口就能哼起来。

想懂得更多英语，这种朴实的想法是我学习英语的契机之一。

此外，我希望将来的工作可以让我在全世界到处飞。

想去环游世界，跟当地的人聊聊天。

我曾有过这些很笼统的想法。

小学低年级时希望将来做个棒球手，高年级的时候则想做个足球运动员。

孩童时代的梦想是在不清楚自身才能、倾向、现实的竞争环境等前提下产生的纯粹又笼统的想法。

随着年龄的增长，迫于眼前的课题，在不知不觉间就搁置了儿时的梦想，之后会更加认为这样的梦想不切实际。当自己察觉时，已然长大成人。

试着把小时候的梦想与现在的目标放在一起

我小时候的两种梦想的领域和难度都不同，在此先忽略这一点对比看看。

小学时我梦想成为棒球手、足球运动员，但唯有掌握了一技之能并付出超出常人的努力，才可能实现。

所以放到现在，我作为一个成人来看，这只不过是儿时的愿望罢了。

另一方面，不是只有少数人才能实现将来从事国际化事务的愿望。其实已经有不少人实现了，并且还有更多人正以此为目标努力着。

可以说，这是无论年纪大小，谁都可以追求的目标。

20 多岁的商务人士，现在就可以着手；对于三四十岁的人，现在正是最好的时机；而 50 多岁的人基于自己已经拥有的成绩，完全还有机会。

从外部环境来讲，东京已经确定在 2020 年将再次主办奥林匹克运动会，这期间正是加速全球化的最佳时机。

回想学生时代的梦想

很久以后，再次翻开中学时代听过的欧美歌词卡，也许是个恰当的时机。

我不由回想起当初自己多么憧憬在国外酒店的大堂里阅读英文报纸的样子，这也是激发内心动力的好方法吧。

你决定跨出这一步，去挑战新的东西，很多时候是因为心里有个想法在提醒你。

你一直有想法，只是迟迟不敢踏出这一步。

这时候，看看电视、看看电影、与人多交流、了解他人的经历，当这些体验打动你时，你就会为那个犹豫不决的自己做出果断的决定。

要想行动起来，不能仅仅将想法停留在脑中，也需要触动自己的内心。

听听能让你心动的音乐、话语也是打动内心的有效方法。

尝试回忆自己在学生时代描绘过的未来，也是一种方法。

有意识地探求自己的内心之源，尝试和自己的内心对话。或许你会因此跨出长久以来未跨出的那一步。

32. 选择与自己年纪相符的外语学习法

泰格·伍兹说自己是在出生 9 个月后开始接触高尔夫球的。当然，他早已没有第一次拿着高尔夫球的记忆。

此后虽然在三四岁开始有了记忆，但也多半是长大后看到小时候的照片在脑海里留下的印象。

在父亲指导了如何握杆等姿势后，他一边玩一边照葫芦画瓢，自然而然地掌握了高尔夫球的基础知识。

在我的朋友当中，也有一位从小开始接触高尔夫球，应该算业余爱好者中的顶级人才。

当我问他如何掌握挥杆的基本技巧时，他只会说因为是很小的时候自然而然学会的，所以很难表述这个确切的过程。

而我是进入社会之后才开始学习高尔夫球的。

虽然到现在还打不出引以为傲的分数，但也不会给同组的伙伴带来困扰，总之能到 100 分左右。

虽然不算擅长，但我的水平还是可以与朋友们一起愉快享受这项运动的。

非母语者只能靠理论学习

我在开始练习高尔夫球时，曾请教过进入社会之后才开始学习高尔夫球的前辈、朋友们。

我读了不少介绍高尔夫球基础理论的书籍，报过培训课程，学习的过程不仅限于身体，也努力尝试用脑理解。这是因为成人之后再从头学习的话，抛开理论是很难掌握学习方法的。

就拿游泳来说，我每周会去一次游泳馆，虽然游得慢，但是还可以游。我最早是上幼儿园的时候通过游泳学校开始练习游泳的，但是现在已经想不起第一次通过换气一次游 25 米的画面了。

一旦学习了双腿打水、换气、胳膊动作等基本知识，就能有样学样地在游泳池内愉快地练习，直到自然掌握。

但是，当不太会的朋友请教我游泳的方法时，我自己也没有教会他的自信。

即使可以指导小孩学习换气，但如果要教他游到 25 米，我是没有自信的。因为我没有接触过系统化的学习与相关的理论知识。

对我而言，高尔夫球的挥杆技巧与游泳的学习方法有着百分之百的差异。但棒球的击球法与学习游泳的方法一样，在孩童时代可以自然而然地掌握。

成人之后，学习高尔夫球挥杆则需要好好学习基础知识，同时要让身体活动与大脑思考相结合，反复练习到一定水平才行。

英语也是一样。

我第一次接触英语，源自中学时代的"This is a pen"。

对中学生来说，脑中已经形成了母语的固有思维。我学习英语的方法不同于游泳，而更像高尔夫球挥杆。

我不是照葫芦画瓢学成的，而是一边用脑理解语法结构，一边反复训练而成。

因此，将我的英语能力比作挥杆的话，没有3岁就开始接触高尔夫球的人的挥杆动作娴熟自然，更像是僵硬、程式化的挥杆。

任何时候学习都不晚

如果 3 岁起就能接触英语，自然再好不过，但一直羡慕身边说一口流利英语的海归朋友也无济于事。

对我来说，高尔夫球挥杆笨拙也没关系，至少曾在小学、中学、大学时埋头于足球的训练。当时的锻炼不仅为现在的体力打下了基础，还让我学到了团队合作的重要性，同时培养了领导能力。

如果将同样的时间用到高尔夫球上，也许现在就能顺利地挥杆，但我并不后悔。

对于语言也是一样。我是在中学的义务教育制度下开始学习英语的。从另一方面来看，也可以说我已经打下了坚实的日语基础。

学习英语的方法有很多种。得益于互联网的普及，我们很容易就能获得学习外语的各种信息资料。你需要从中找出最适合自己的学习方法。

进入社会之后，有不少人开始考虑重新学习英语。

此时，应该好好考虑在各种学习方式中——比如 3 岁儿童的高尔夫球、成人的高尔夫球、4 岁儿童的自由泳、40 岁成年人的自由泳——挑选出最适合自己的方法。

如果是成人，步入社会后再开始挑战英语的话，照葫芦画瓢就不见得有用了。

最重要的是打好扎实的基础，同时运用大脑与身体，挑选一个最适合自己的方法。

33. 高盛领导和前辈们的英语学习法

在考虑适合自己的外语学习方法时，以与自己的背景或生长环境相似的前辈作为参考比较有效。

学习英语的方法多种多样，而每个人的目标、满意程度、追求的级别也大不相同。选择适合自己的目标并专注地努力更重要。

此时不用深究具体的方法论，而应在把握大方向的基础上定义自己的目标和适合的方法。

再说得具体一些，即在本国的教育环境中长大的人，最好请教在同样环境下学会英语的人。

如果去请教母语为英语的人，就像我们自己也无法解释学习母语的方法一样，将得不到对方明确的答案。英语为非母语的人，自然应该向英语为非母语的前辈请教学习方法。

至于把英语学到何种程度，将相同职业的前辈作为模范比较好。

而研究员学习英语，自然是将活跃于海外的英语为非母语的前辈视为目标。

体育运动员应该向那些掌握了运动员必需的英语能力的人请教。商务人士应该请教会英语的商务人士。

这个过程中，当然也可以向英语为母语的人寻求帮助，或是向负责英语教育的专家请教。

不过，这也仅仅是参考而已。毕竟，英语为母语的人士往往不能感同身受地了解我们非母语人士的辛苦。

负责英语教育的专业人士是专门研究英语的人，与商务人士学习英语的目的不一样，因此商务人士不一定要投入同样的时间。

"客套回答"的原因

我在学习英语时，请教的前辈虽然都是英语非母语的商务人士，但他们都活跃在国际企业的最前线。

具体来说，就是我在高盛的前辈和领导们。他们大多都有在美国大学的研究生院留学的经历。

在这里我也介绍一下自己的经历。在就读 MBA（工商管理硕士）的两年前后，我的英语水平有了飞跃的提升。通过两年的留学，我确实收获了非常多的经验。

但是在留学之前的多年间，我也曾在英语学习上花费相当多的时间。甚至可以说，留学之前的学习才为我的英语能力奠定了坚实的基础。

那么，如果要请教一名英语非母语的商务人士学习英语的方法，他会怎么回答呢？

相信不少人会说"我自己的英语也没那么好，没资格教别人"。

即便这样，再继续问他，具体是怎么学习的？

通常的答案会是"把自己放入英语环境中的话，多多少少都能学会吧"。

此时，再进一步问他，那留学之前应该已经进行了相当多的学习准备吧？他就会说——

"是，一定要讲的话，大概就是在地铁里会听英语新闻。"

"看好莱坞电影的时候会刻意不去看字幕。"

"读读英文报纸也不错。"

这些回答听起来确实都没错，但总令人觉得没有什么惊喜，不是你希望听到的答案。

也就是说，当你向学英语的前辈了解学习秘诀时，往往得不到很有参考价值的答案。

这是为何呢？我认为主要有 3 点理由。

（1）英语掌握到了一定水平，但认为自己还没有能力指导别人，只想继续提升自己；

（2）没有总结过自己的学习体系。因为混合了各种契机、体验在内，所以没办法三言两语对别人讲清楚；

（3）因为自己是英语高手，在职场上已具有一定的成绩和地位，所以不太想与他人分享自己的学习方法。也就是说，无意识中有不想被别人侵占所有权的感觉。

每天都忙于国际商务的精英人士常常都能意识到自己英语能力的不足，并不断努力提高。因此，他们既没有时间整理总结学习方法，也缺少与他人分享的意识。

认识到"学习英语没有捷径"才是第一步

对于通过各种尝试和经历才掌握的英语能力，如果没有系统化地回顾总结，自然无法向他人说明。

并且也需要有这个意愿，预留出时间将自己的体会分享给其他人才行。

很多人在学会英语之后，或投身于自己想做的事，或收获了更高的收入，大概无意识之间就会抱有不想被侵占这份所有权的抗拒心理。

因此，我们才要向周围的国际商务前辈进行深入的请教。

最好能仔细地询问他们花了多少时间，使用了哪些教材等。

事实上，我周围读 MBA 的同学都是在留学之前，花了相当多的时间提高英语水平，并非仅限于两年的留学时期。

虽然听上去学习时间有些长，但要想今后活跃于世界舞台，学习英语就没有捷径。

请仔细挖掘周围前辈的意见，从请教学习英语的方法开始。

34. 要对自己"不认输"

在高盛和麦肯锡的同事们、在哈佛商学院的同学们都是非常具有竞争意识的同伴。简而言之，都是不认输的性格。

但这种不认输并非把自己和别人进行比较。要是一味追求胜负，其实已经输了。

甚至有对竞争没有任何兴趣，不想参与竞争的情况。

但如果没有想要一决胜负的决心，就算参加也是输吧。

这种矛盾到底从何而来呢？

这是因为，他们对自己设置的目标有着强烈的责任感。

很多人都会认真考虑自己的目标、自己所处的位置以及应该如何抵达目的地，而毫不关心与其他人相比自己处在哪里。正因为如此，才会不想与他人竞争吧。

以最短路线冲向自己设置的目标

具有强烈的竞争意识却又对竞争本身不关心的原因主

要有两点。

第一点，与其跟别人争个胜负，不如重视自己有没有靠近目标。

若是在与他人的竞争中胜出将使自己离目标更近的话，就会积极与他人展开竞争。但如果相反，就会消极对待竞争本身，表示出对其没有兴趣的一面。

竞争心态是促进自身成长的要素。

第二点，平日里我们时常会遇到一些无意义的竞争。

例如，晚上加班到很晚，无意识之下就会变成与同事的竞争。

然而，如果想要比同事做出更多成果，不用加班到很晚，而是早点回家，第二天早一些到公司处理工作会更好。

与自己竞争好过与他人竞争的3点理由

不去与他人竞争，而与自己竞争的3点好处：

第一点，如前面提及的，避免卷入不必要的竞争有利于你用最短时间达到自己的目标。

第二点，即使在竞争过程中输掉了，也不会过度悲伤。

竞争的结果也会因外部环境、运气而受到影响。假如输了，自己也能正面地认为是输给了自己的目标，是自己的努力还不够。

第三点，不会总想踩着别人往上爬。因为竞争对手是自己，踢掉别人并非自己的初衷。

那么，当不得不与别人竞争时，该如何考虑呢？

首先，需要再次确认如何通过战胜别人达成自己的目标。

其次，要弄清从与别人的竞争中胜出，是否是为了自己的目标，是否是与自己竞争。

这样一来，就能将与他人的竞争换位思考成与自己竞争。

与自己竞争的第一步，就是明确目标。

努力确立你的目标，再回想一下学生时代描绘的目标，就能立刻充满动力。

一说到彻底落实这些"基本功"，就会联想到自律。

一说到自律，就会有种禁欲主义的印象。

比如甘于忍耐，认真仔细。若换成"与自己竞争"，多少会有些轻松感。

一旦竞争，就不可避免地会有失败。但想简单一点，就会产生一种游戏心态。

我不是希望大家禁欲般地实践"基本功"，而是希望大家每天都能快乐地一边与自己竞争，一边努力向前。

35. 每周都挤出一点"自己的时间"

先从镜子中的这个男人开始，从他发生改变开始。

I'm starting with the man in the mirror. I'm asking him to change his ways.

这段歌词来自迈克尔·杰克逊的歌曲 *Man In the Mirror*（《镜中人》）。

中学时代听到这首歌时，我还不太理解其中的深意，反而把兴趣放在了迈克尔本身的帅气上。

当 *This Is It*（《迈克尔·杰克逊：就是这样》）开始发售，再次听到这首歌时，我终于明白了其中的深意。

歌曲的最后一直萦绕着迈克尔的天籁之音。

"That man, that man, that man!"

"镜子里的男人改变吧，这个男人，就是你自己。"

翻译出来大概是这种感觉。

"应该从自己开始改变"

工作无法专注时，或是生活中有各种烦恼、后悔时，迷失目标时，疲惫时，总想抱怨一两句。

此时如果亲朋好友能够倾听你的抱怨，或许是件好事。

不可思议的是，当你说出不满后就能慢慢冷静下来。此时再看看自己。

对现在面临的问题，你是不是已经意识到该怎么处理了？

正如迈克尔所唱，"应该从自己开始改变"。

意思是要想改变周围的环境，就要自己先踏出改变的第一步，也可以理解为小的领导力。

而且，应该改变的部分，你自己也已经发现了。

其实，答案就在自己身上。

精英人士在背后的努力

我们每个人都已经认识到这些"基本功"的重要性。

对于什么是"基本功",都各有见解。

而且对于如何实践"基本功",也有自己的大致想法。事实上,很多时候结论已经在自己身上。

通过亲自梳理已经发现的事情,可以重新发现自我。

对麦肯锡的顾问来说,也不是无论多难的课题,都能随时分析出条理和思路。

其实,他们也会不停在纸上记录分析,把乱七八糟的数据拼凑成最终的思路。

高盛的专业人士也并非一开始就善于沟通和汇报演讲。

事实上,他们也会在你看不到的地方不断排练,从说话的语速到力度等细节,反复进行练习。

哈佛商学院的学生也不会全都保持自信,朝着自己的目标勇往直前地走到最后。

他们也会通过不断的自我分析,把握自己的优势和劣势,最终将自己模糊的热情变成明确的目标。

然后依靠平时的积累，逐渐加深自己的信心。

最后，他们会在大家看不到的地方坚定自己，与自己对话，激励自己。

其实他们也会有犹豫不决、内心不安的时候。此时还是要主动听从内心，彻底实践"基本功"。

我自己也会随时携带"个人笔记本"，预留出一个人的时间，积极整理脑中的碎片。

无论怎么忙，每周至少也会确保一次个人时间。

可以说，越是在忙的时候，越需要进行反省。

此时，我会向"另一个自己"预约沟通日程。

这也是跨出"回顾"的第一步。

希望各位能够尝试活用"个人时间"。

第六章 总结

★回想儿时的梦想，想想是什么打动了自己。

★学习语言和技术都需要找出最适合自己的方法。

★学习英语时，请参考身边英语为非母语的人士。

★设定好自己的目标后，按最短的线路进行冲刺。

★每周设置一个时间进行自我整理。

书名中"精英"的深意

我为何会选择在大学中途退学？我想原因应该追溯到我出生之前。

So, why did I drop out? It started before I was born.

这是史蒂夫·乔布斯在斯坦福大学演讲时的一段话。

乔布斯回顾了大学退学后迷失目标的自己，随后道出其中的理由。

刚出生不久，乔布斯就离开了贫困的双亲，被其他人收养，而他的养父母也并不富裕。

但是，养父母仍然把几乎全部的积蓄用在了他的大学学费上。

在大学迟迟找不到定位的青年乔布斯，最终下定了退学的决心。他自己也用"淘汰"来形容自己，想必内心经历了相当大的挫折。

不过，这样的乔布斯算得上"精英"吗？

从"精英"原本的"精挑细选之人"的意思来看，乔布斯绝对是精英中的精英，甚至可以说已经超出了"精英"的范围。

我用在书名中的"精英"，具有一种肯定的意义。

所谓"精英"，不是在良好环境中成长起来并拥有很多特权的人，而是通过努力取得成绩而被视为"精挑细选之人"的一类人。我是这样理解的。

当然，即使有些微差异，每个人都有一些"被赋予之物"。我们应最大程度地利用好这份"被赋予之物"，努力填补"未被赋予的部分"。乔布斯正是好好利用了"被赋予之物"，将"未被赋予之物"转化为能量，从而获得了成绩。

有时间羡慕别人，不如将精力放在提升自己的能力上。对于自己的不足之处，如果换个角度去思考，也许能变成一种长处。我就是如此看待乔布斯，从心底对他表示尊重的。

乔布斯是相对极端的案例。其实只要努力，任何人都能成为"精英"。谁都可以以成为"精英"为目标，由此产生的正能量也将促进每个人能力的提高。相信通过不断积累，一定会促成积极向上的社会。

我虽然看上去很有自信，其实时常会感到不安。平日里会反省自己缺乏领导意识，团队合作精神还不够；与经营层前辈们聊天后，发现自己的责任感也不够，等等。对那些一直坚持高目标的运动员，我也始终心存敬意。

持续成长的我，也将提升自信、注重责任感、设置高要求带给我的益处写进了书里，并探讨了"基本功"的重要性。做到这些还要感谢有幸在高盛、麦肯锡、哈佛商学院结识的领导、前辈、同事、后辈以及同学们，感谢能有机会从他们身上直接或间接地学到东西。

我在这本书里写的是我实践的"领导力""团队协作"，也尽力分享了我从领导、前辈、同事、同学身上学到的东西。

读到这本书的各位若能因此迈出提升自信的第一步、将责任感转变为能量的一步，或是朝着高目标跨出一步，我想就达到这本书的目的了。

这也是我积累至今的关于领导力与团队协作的经验。

衷心感谢能有执笔此书的机会。

我想感谢上一本书《麦肯锡精英的 48 个工作习惯》和本书的读者，因为从读者那里我也收获了非常大的能量，非常感谢。

在上一本书出版时，高盛和麦肯锡的领导、前辈、同事及后辈们，哈佛商学院的同学们都给予我鼓励，并从心底为我感到欣慰，非常感谢大家。

这让我不仅仅在就职或留学期间学到了"分享"所知，甚至在离职后还收获了这么多正能量，非常感谢。

继上一本书之后，朝日新闻出版编辑部的佐藤圣一先生也及时给予我各种意见，在完成整本书的过程中一直为我指明方向。我想衷心对他表示感谢。

平日里总给我带来灵感的 CNEXT PARTNERS 的各位伙伴、CLUB900 的成员们，感谢你们。

在休息日里，我对着电脑写作时，总是站在身后微笑支持我的家人们也是无可取代的，谢谢你们。

有机会执笔写下这本书，我真的非常感激。

谢谢各位。

户塚隆将

零秒工作：速度解决一切的麦肯锡工作术

如何更快、更好地完成工作？如何减少时间浪费，让工作进入良性循环？活跃于麦肯锡14年的作者多年来一直在思考如何最大限度地提升工作效率，核心就在于"速度解决一切"。

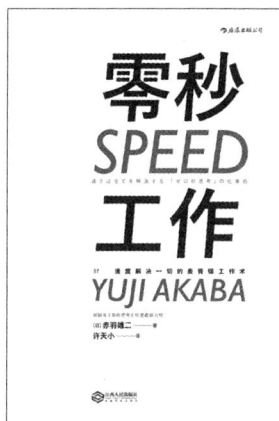

著　者：（日）赤羽雄二
译　者：许天小

书　号：978-7-210-08832-5
出版日期：2017年1月
定价：36.00元

内容简介 l 本书作者曾在麦肯锡工作14年，一个人同时负责7—10个项目。独立创业后，同时参与数家企业的经营改革，每年举办的演讲超过50次……　作者能够完成如此庞大工作量，其关键在于其工作哲学就是："思考的速度可以无限加快"和"工作的速度可以无限提升"。掌握了能够瞬间整理脑中思路的"零秒思考力"之后，你还需要能够快速、高效完成工作的"零秒工作术"。

本书中不仅有提升工作速度的基本观念，还有详细解说"零秒工作术"的具体做法，更有作者多年经验总结得出提升工作效率的诸多方法：凡事抢先一步做好准备，让工作进入良性循环；在电脑中登录200—300个常用词汇；利用白板提升会议效率，等等。有了这样的基础，再复杂的工作也能迎刃而解，让你在工作中充满自信。

零秒思考：像麦肯锡精英一样思考

面对工作困境，怎么能瞬间看出症结所在？如何拥有零秒制胜的惊人决断力？

麦肯锡韩国分公司创始人、日本咨询大师倾力打造让思考语言化、可视化、技能化的终极武器。

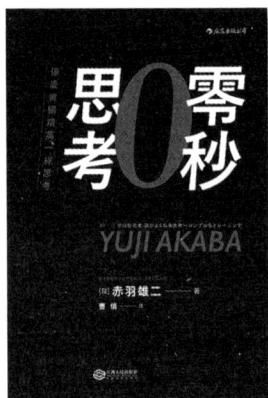

著　者：（日）赤羽雄二
译　者：曹倩

书　号：978-7-210-09188-2
出版时间：2017年4月
定价：32.00元

内容简介 | 临近deadline，还在迷迷糊糊兜圈子？工作不得要领，一番折腾后又回到原点？话在嘴边却怎么都说不出口？满脑子朦胧的想法却迟迟无法动笔写企划案？很多人都会面临这种工作困境，但至于怎么改变却总是找不到好办法。

这本书教你的就是把心中想法落实到语言和实践中的具体做法——零秒思考。

作者在麦肯锡公司的14年中，参与了企业的经营改革，深知员工的战斗力会很大程度上左右一个公司的未来，所以非常重视一个人的深入思考、制定解决方案，并能够彻底执行的能力。本书讲述的零秒思考就是他从多年实践中总结而来的。简单来说，就是运用A4纸整理思维碎片，集中1分钟时间进行"头脑体操"，从3个可行解决方案出发，高效收集目标信息。

相信这本书可以帮你告别盲目与拖延，让思考事半功倍，让工作难题迎刃而解！

图书在版编目（CIP）数据

麦肯锡精英这样实践基本功 / (日) 户塚隆将著；
李琪译 . -- 北京 : 中国友谊出版公司 , 2019.9
ISBN 978-7-5057-4678-7

Ⅰ .①麦… Ⅱ .①户…②李… Ⅲ .①成功心理—通
俗读物 Ⅳ . ① B848.4-49

中国版本图书馆 CIP 数据核字 (2019) 第 069597 号

著作权合同登记号　图字：01-2019-3498

SEKAI NO ELITE WA NAZE, "KO NO KIHON" WO DAIJINISURUNOKA?
[JISSENHEN]
by TAKAMASA TOTSUKA
Copyright © 2014 TAKAMASA TOTSUKA
All rights reserved.
Original Japanese edition published by Asahi Shimbun Publications Inc., Japan

Chinese translation rights in simple characters arranged with Asahi Shimbun
Publications Inc., Japan through Bardon-Chinese Media Agency, Taipei.

本书中文简体版权归属于银杏树下（北京）图书有限责任公司。

书名	麦肯锡精英这样实践基本功
作者	[日] 户塚隆将
译者	李　琪
出版	中国友谊出版公司
发行	中国友谊出版公司
经销	新华书店
印刷	北京天宇万达印刷有限公司
规格	889×1194 毫米　32 开
	6.75 印张　95 千字
版次	2019 年 9 月第 1 版
印次	2019 年 9 月第 1 次印刷
书号	ISBN 978-7-5057-4678-7
定价	38.00 元
地址	北京市朝阳区西坝河南里 17 号楼
邮编	100028
电话	（010）64678009